普通高等教育"十二五"规划教材

现代仪器分析实验

Modern Instrumental Analysis Experiment

浙江树人大学分析技术国家培训中心编写组

李成平　主编

饶桂维　傅得锋　副主编

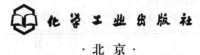

化学工业出版社

·北京·

本教材是在自编讲义的基础上,结合学院教师、学生的最新科研成果编写而成。内容包括:紫外-可见分光光度法、原子吸收光谱法、红外光谱法、电感耦合等离子发射光谱法、电位分析法、库仑分析法、气相色谱法、高效液相色谱法、气质联用、液质联用、核磁共振法以及常用分析仪器的操作规程与日常维护等,共有实验48个。

本教材遵循"基础性、先进性、适应性和实用性"的原则,理论联系实际,注重学生操作技能及分析问题解决问题能力的培养,符合应用型人才落地开花的方针,适合作为大学应用化学专业及食品、生物、环境等相关专业的实验教材,也可作为全国普通高校分析测试方向应用型人才培养的参考教材。

图书在版编目(CIP)数据

现代仪器分析实验/李成平主编. —北京:化学工业出版社,2013.6(2023.9重印)
普通高等教育"十二五"规划教材
ISBN 978-7-122-16990-7

Ⅰ.①现… Ⅱ.①李… Ⅲ.①仪器分析-实验-高等学校-教材 Ⅳ.①O657-33

中国版本图书馆 CIP 数据核字(2013)第 074360 号

责任编辑:满悦芝　　　　　　　　　　加工编辑:李　玥
责任校对:吴　静　　　　　　　　　　装帧设计:韩　飞

出版发行:化学工业出版社(北京市东城区青年湖南街 13 号　邮政编码 100011)
印　　装:北京虎彩文化传播有限公司
787mm×1092mm　1/16　印张 9¾　字数 226 千字　2023 年 9 月北京第 1 版第 7 次印刷

购书咨询:010-64518888　　　　　　　售后服务:010-64518899
网　　址:http://www.cip.com.cn
凡购买本书,如有缺损质量问题,本社销售中心负责调换。

定　　价:24.00 元

前　言

　　《现代仪器分析实验》是在无机化学、物理化学、分析化学等课程的基础上，综合应用有关学科的知识，进行仪器分析方法研究和操作技能训练的课程。它是研究物质组成和结构的重要手段。

　　通过本课程的学习使学生基本掌握目前国内外普遍应用的仪器分析的基本原理和方法，通过实验训练学生正确使用常用分析仪器，科学地处理实验数据。本课程培养学生良好的实验技能和严谨细致、实事求是的科学作风，使学生初步具有应用仪器分析法解决分析化学问题的能力，并使其逐步具备科技人员应有的素质。

　　本书共分为四章，包括紫外-可见分光光度法、原子吸收光谱法、红外光谱法、电感耦合等离子发射光谱法、电位分析法、库仑分析法、气相色谱法、高效液相色谱法、离子色谱法、气质联用、液质联用及核磁共振法等，共有实验48个。由于课程的特殊性，一直以来，实验教材以自编讲义为主。每年把教师、学生的最新科研成果补充到实验中去。尤其是自2012年成立"浙江树人大学分析技术国家培训中心"以来，很多新生力量进入到现代仪器分析领域，17位教师分别获得了全国分析检测人员能力培训委员会颁发的"气相色谱法、液相色谱法、原子吸收光谱法、分光光度法、等离子发射光谱法、滴定分析及重量分析"7项资质证书。2～3个教师负责一个方向的仪器分析培训及实验教学，在汲取兄弟院校的教学经验和参考已出版的仪器分析实验教材基础上，增加了许多新的实验。这些实验汇集了教师的科研成果，凝聚了教师的心血和经验。将教师的科研成果适当转化为学生的实验内容，不仅能将科研优势转化为教学优势，而且能使学生从化学分支学科的结合上领悟科学探索和研究的方法，从而使他们的科学思维能力和创新意识得到进一步的培养。此外，本教材还吸收了"千人业师"聘请的省公安厅傅得锋高级工程师的部分科研成果。因此，本实验教材是团队协作的产物。

　　为了适应不同专业、不同层次的教学要求，在编写过程中，编者遵循"基础性、先进性、适应性和实用性"的原则，对实验原理部分力图做到阐述清晰，对实验步骤和注意事项力图做到叙述详细，以便读者预习和独立完成实验。因此，本教材理论联系实际，符合应用型人才落地开花的方针，适合应用化学、食品工程、生物工程及环境工程的学生，也可作为全国普通类高校分析测试方向应用型人才培养的参考教材。

　　本教材由李成平担任主编，饶桂维、傅得锋担任副主编。第一章由李成平编写，第二章由童建颖、傅得锋、张德勇、雷超、申屠超、孙娜波、陈虹、邵波、饶桂维和沈超编写，第三章由李成平、饶桂维编写，第四章由许惠英、梅瑜、张建芬、柯薇、陈梅兰、刘彩琴、王艳花、饶桂维编写。对于在本教材编写、出版过程中给予指导和帮助的各位专家、同仁，在此一并表示感谢。

　　由于编者水平有限，书中难免存在缺点和不足，恳切希望广大师生在使用本书时能够提出宝贵意见，以促进教材质量的不断提高，编者谨致谢意！

编者
2013 年 6 月

目　录

第一章　绪　论

《现代仪器分析实验》是仪器分析课程的重要组成部分，通过实验使学生更好地理解和掌握理论教学中介绍的各种分析仪器的原理及简单结构，初步具有根据分析目的，结合学到的各种仪器分析方法的特点、应用范围，选择适宜的分析方法的能力，通过实验培养学生实事求是的科学作风、严谨细致的科学态度，提高学生的动手能力及对实验数据的分析能力，使其初步具备分析问题、解决问题的能力。

一、实验要求

实验者必须忠实地、完整地记录实验过程、测量数据及有关资料。记录的原始数据不得随意涂改。如果需废弃某些记录数据，则可在其上划一道线并签上姓名。

1. 实验前写好预习报告

准备一本实验记录本，编上页码，不能使用单页纸或活页本。应充分预习实验的方法和原理、实验步骤、仪器使用等内容。在实验记录本上，拟订好实验的操作步骤，预先记录实验必要的常数及计算公式。还应事先划好记录数据的表格，以便有条理且不遗漏地记录数据。

2. 实验应紧张有序地进行

① 实验开始前，要检查仪器和试剂、器皿是否齐全，有无损坏，如有缺损要及时报告教师补发，不得乱拿别组仪器和试剂，共用仪器、药品用后放回原处。

② 使用精密仪器前，要仔细阅读仪器操作规程，认真按步骤操作，不得随意盲目地调整按钮、拆卸设备，出现不正常状况及时报告教师并登记，如有损坏，按规定酌情赔偿。

③ 爱护实验设备，保持试剂纯净，称量时取出的试剂不得倒回原瓶，试剂瓶盖朝上放置，更不得相互掉换，以免造成交叉污染。正确书写标签，标明配制名称、配制浓度、时间、配制人。

④ 实验过程中应认真观察思考，如实地记录数据和实验现象，还要始终保持实验场所的清洁、整齐和安静。实验过程中的有毒、有害、腐蚀性废液、废物，不得随意抛洒或倒入水池，应倒入指定的废液（物）桶内，集中掩埋或处理。

3. 实验后的整理工作

实验完毕后及时清理实验台面，仪器、器皿整理清洗后放回原处，打扫室内卫生，关好门、窗、水、电。

实验完成后，及时写出实验报告。实验报告应包括以下几项。

① 实验题目、完成日期、姓名、合作者。

② 实验目的、简要原理、所用仪器、试剂及主要实验步骤。

③ 原始实验数据及计算结果，实验后的讨论。

④ 解答实验思考题。

二、实验室安全守则

（1）了解实验室的基本情况，有哪些危险品，关注实验台、洗涤、通风、废液回收、电源、钢瓶、压力容器、管道煤气等基本设施；了解实验室的灭火细沙和灭火器、淋洗器、洗眼器等。

（2）注意个人卫生习惯，保持实验室环境整洁；采取必要防护措施，进入实验室要穿工作服，不要穿暴露的凉鞋，要固定好长发，必要时戴好防护眼镜、手套；切勿随手甩动吸管或移液管，避免管内残留液洒在他人或仪器设备上造成伤害；改进实验方案，尽量不用或少用有毒物质。

（3）照明条件良好，加强室内通风（即使在通风橱内操作，也还是应注意保持室内通风良好，以尽量降低危险气体浓度），防止吸入有毒气体、蒸气、烟雾；建立实验室安全制度和安全检查机制；实验室配置和使用各种安全警告标牌；各种化学试剂要按其结构、物性的不同进行区别储存和管理，有毒有害、易燃易爆等危险品，原则上应存放在低处。

（4）实验中常使用高压储气钢瓶和压力装置的人员，需掌握有关常识和操作规程。高压钢瓶必须做到专瓶专用；气瓶应放在阴凉干燥、远离热源的地方，易燃气体气瓶与明火距离不小于 5m；气瓶搬运要轻要稳，放置要牢靠；各种气压表一般不得混用；气瓶内气体不可用尽，以防倒灌；开启气门时应站在气压表的一侧，不准将头或身体对准气瓶总阀。

（5）钢瓶中气体的识别（颜色相同时要看钢瓶上的气体名称）。

氧气瓶：天蓝色　　氢气瓶：深绿色

氮气瓶：黑色　　　纯氩气瓶：灰色

氦气瓶：棕色　　　压缩空气瓶：黑色

氨气瓶：黄色　　　二氧化碳气瓶：黑色

乙炔气瓶：白色　　氯气瓶：草绿色

（6）使用乙醚、丙酮、苯、四氯化碳、三氯甲烷等易燃易爆有机溶剂时要远离火焰和热源，相关操作要在通风橱内进行。有机溶剂使用完后要将瓶子塞严，放在阴凉处保存。低沸点的有机溶剂不能直接在火焰上或热源（煤气灯或电炉上）上加热，应使用水浴。

（7）万一着火，应根据情况采取适当措施灭火，选用水、沙、泡沫、二氧化碳或四氯化碳灭火器灭火。例如，酒精及其他可溶于水的液体着火时，可用水灭火；汽油、乙醚等有机溶剂着火时，用砂土扑灭而不能用水；导线或电器着火时不能用水及 CO_2 灭火，而应首先切断电源，用 CCl_4 灭火器灭火。

（8）应认为所有的化学药品都具有不同程度的毒性，而中毒的主要原因是皮肤或呼吸道接触有毒药品。在实验中要防止中毒，须切实做到以下几点：药品不要沾在皮肤上，尤其是极毒的药品；实验完毕后应立即洗手；称量任何药品都应使用工具，不得用手直接接触；应在通风柜中进行有毒物质操作，并戴上防护用品；对沾染过有毒物质的仪器和用具，实验完毕应立即采取适当方法处理以破坏或消除其毒性；不要在实验室冰箱内储存食物、进食、饮水，食物在实验室易沾染有毒的化学物质。

（9）浓酸、浓碱具有强烈的腐蚀性，使用时均应在通风橱中操作，注意戴上安全手套，佩戴护目镜防止其溅入眼中。

（10）汞毒性很大，且进入体内不易排出，对大量使用的水银温度计，如有可能，应尽量以测温热电偶、酒精温度计等加以替代。要注意：①汞不能直接暴露于空气中，其上应加水或其他液体覆盖；②任何剩余的汞均不能倒入下水槽中；③储汞容器必须是结实的厚壁器皿；④装汞容器应远离热源；⑤撒落的汞应尽可能用吸管将其收集起来，再用能形成汞齐的金属片（Zn、Cu 等）在汞溅处多次扫过，最后用硫黄粉覆盖。

三、实验数据记录及分析结果处理

1. 列表法

列表法表达数据，具有直观、简明的特点。实验的原始数据一般均以此方法记录。

列表需标明表名。表名应简明，但又要完整地表达表中数据的含义。此外，还应说明获得数据的有关条件。表格的纵列一般为实验号，而横列为测量因素。记录数据应符合有效数字的规定，并使数字的小数点对齐，便于数据的比较分析。

2. 图解法

图解法可以使测量数据间的关系表达得更为直观。在许多测量仪器中广泛使用记录仪或计算机工作软件直接获得测量图形，利用图形可以直接地或间接地分析结果。

常用的图解法有：标准曲线法求未知物浓度，连续标准加入法作图外推求组分含量，用滴定曲线的折点求电位滴定的终点等。

3. 计算机软件应用

用计算机进行实验数据的处理、画图已经是一门比较成熟的技术，其快速准确的特点无法用其他方法替代。已广泛应用在科研和教学中。

4. 分析结果的数值表示

报告分析结果时，必须给出多次分析结果的平均值以及它的精密度。注意数值所表示的准确度与测量工具、分析方法的精密度相一致。报告的数据应遵守有效数字规则。

重复测量试样，平均值应报告出有效数字的可疑数。

一项测定完成后，仅报告平均值是不够的，还应报告这一平均值的偏差。在多数场合下，偏差值只取一位有效数字。只有在多次测量时，取两位有效数字，且最多只能取两位。然后用置信区间来表达平均值的可靠性，这样更可取。

第二章 光化学分析

第一节 光化学分析概述

凡是基于检测能量作用于待测物质后产生的辐射信号或所引起的变化的分析方法均可称为光化学分析法。光化学分析法愈来愈广泛应用于物理、化学和生物等各个学科领域，特别在物质组成和结构的研究、基团的识别、几何构型的确定以及表面分析等方面，更具有其优越性。

一、光化学分析法的分类

光化学分析法可以分为非光谱法与光谱法两大类。非光谱法是指那些不以光的波长为特征信号，仅通过测量电磁辐射的某些基本性质（反射、折射、干涉、衍射和偏振）等的变化的分析方法。这类方法主要有折射法、比浊法、旋光法、衍射法等。光谱法主要是基于光的吸收、发射、拉曼散射等作用而建立的分析方法，它通过检测光谱的波长和强度来进行定性和定量分析。

1. 光谱法

光谱法可分为 3 种基本类型：吸收光谱法、发射光谱法和散射光谱法。

(1) 吸收光谱法 吸收光谱是物质吸收相应的辐射能而产生的光谱。其产生的必要条件是：所提供的辐射能恰好满足该吸收物质两能级间跃迁所需的能量。具有较大能量的 γ 射线可被原子核吸收；X 射线可被原子内层电子吸收；紫外和可见光可被原子和分子的外层电子吸收；红外线可产生分子的振动光谱；微波和射频可产生转动光谱。所以，根据物质对不同波长的辐射能的吸收，可以建立各种光谱法，如表 2-1 所示。

表 2-1 常见吸收光谱法

方法名称	辐射能	作用物质	检测信号
莫斯鲍尔光谱法	γ 射线	原子核	吸收后的 γ 射线
X 射线吸收光谱法	X 射线	$Z>10$ 的重元素	吸收后的 X 射线
	放射性同位素	原子的内层电子	
原子吸收光谱法	紫外、可见光	气态原子外层的电子	吸收后的紫外、可见光
紫外、可见分光光度法	紫外、可见光	分子外层的电子	吸收后的紫外、可见光
红外吸收光谱法	炽热硅碳等 $2.5\sim15\mu m$ 的红外线	分子振动	吸收后的红外线
核磁共振波谱法	$0.1\sim100MHz$ 的射频	原子核磁共振磁量子	有机化合物分子的质子
电磁自旋共振波谱法	$10000\sim800000MHz$ 的微波	未成对的电子	吸收

上述吸收光谱的形成过程，可用下式表达：

$$X+h\nu \longrightarrow X^* \qquad \text{辐射能的吸收}$$

$$X^* \longrightarrow X+h\nu \qquad \text{辐射能以光的形式发射}$$

或 $$X^* \longrightarrow X+热能 \qquad \text{辐射能以热能的形式释放}$$

式中，X 表示基态粒子；X^* 表示激发态粒子；$h\nu$ 表示辐射能。

（2）发射光谱法　发射光谱法可分为两大类。

① 光致发光　被测粒子吸收辐射能后被激发，当跃迁回到低能态或基态时，便产生发射光谱。以此建立的光谱方法有：荧光（包括 X 荧光、原子荧光、分子荧光）光谱法、磷光光度法等。分子荧光和磷光的主要区别是荧光寿命较磷光短。

② 非电磁辐射能激发发光　主要用电弧、电火花及高压放电装置等电能及火焰热能激发粒子，产生光谱。这一过程可用下式表示：

$$X+电(或热能) \longrightarrow X^*$$
$$X^* \longrightarrow X+h\nu$$

常见的发射光谱法列于表 2-2 中。

表 2-2　常见发射光谱法

方法名称	辐射能（或能源）	作用物质	检测信号
原子发射光谱法	电能、火焰	气态原子外层电子	紫外、可见光
X 荧光光谱法	X 射线(0.01～2.5nm)	原子内层电子的逐出，外层级电子跃入空位(电子跃迁)	特征 X 射线
原子荧光光谱法	高强度紫外、可见光	气态原子外层电子跃迁	原子荧光
荧光光度法	紫外、可见光	分子	荧光(紫外、可见光)
磷光光度法	紫外、可见光	分子	磷光(紫外、可见光)
化学发光法	化学能	分子	可见光

（3）散射光谱法　主要是以拉曼散射为基础的拉曼散射光谱法。目前，用激光作光源的拉曼散射光谱具有所需试样量少、分辨能力强及可观察受激拉曼散射等优点。因此，激光拉曼光谱已成为化学研究中的有力手段。

2. 非光谱法

（1）折射法　基于测量物质折射率的方法称为折射法。折射法可用于纯化合物的定性分析及纯度测定，并可用于二元混合物的定量分析，还可得到物质的基本性质和结构的某些信息。

（2）旋光法　溶液的旋光性与分子的非对称结构有密切的关系，因此，旋光法可作为鉴定物质化学结构的一种手段。它对于研究某些天然产物及配合物的立体化学问题，更有特殊的效果。此外，它还可用于物质纯度的测定，例如糖量计就专用于测定具有旋光性的物质的糖含量。

（3）比浊法　比浊法是测量光线通过胶体溶液或悬浮液后的散射光强度来进行量分析的方法。它主要用于测定胶体及其他胶体溶液的浓度。

（4）衍射法　基于光的衍射现象而建立的方法有 X 射线衍射法和电子衍射法（透射电子显微镜）。

① X 射线衍射法　以 X 射线照射晶体时，由于晶体的点阵常数与 X 射线的波长是同一个数量级（约 10^{-8}），故可产生衍射现象。因为晶胞的形状和大小决定 X 射线衍射的方向，各衍射花样的强度决定于晶胞中原子的分布，所以各种晶体具有不同的衍射图，可作为确定晶体化合物结构的依据。

② 电子衍射法　电子束具有一定的波长 λ：

$$\lambda = \frac{h}{\sqrt{2meV}}$$

式中，h 为普朗克常数；m 为电子的质量；e 为电子的电荷量；V 为加速电压。透射电镜采用的加速电压一般为 $50\sim100kV$，因此，电子束的波长为 $0.00536\sim0.003nm$，比X射线的波长小 $1\sim2$ 个数量级。电子束与晶体物质作用产生的衍射现象，也遵循布拉格方程。

在电镜中，电子透镜使衍射束汇聚成为衍射斑点，晶体试样的各衍射点构成了衍射花样。电子衍射的衍射角小，一般为 $1°\sim2°$；形成衍射花样的时间短，只需几秒钟。但电子束的穿透能力小，所以只适用于研究薄晶体。

电子衍射原理是透射电子显微技术的基础。目前，透射电子显微技术已成为对物质的表面形貌和内部结构进行研究的强有力的工具，它兼有显微观察和结构分析的性能。

二、光化学分析法的特点

光化学分析法与其他仪器分析方法一样，内容极其广泛，无论是超纯物质的分析，或是环境科学和宇宙科学中的痕量分析以及遥感分析，都用到光化学分析方法。光化学分析方法种类很多，不同的光化学分析方法有其各自的特点，但一般具有下列共同的特点。

1. 具有较高的灵敏度、较低的检出限和较快的分析速度

原子发射光谱的最低检出限是 $0.1ng \cdot mL^{-1}$，X射线荧光光谱法的最低检出限是 $1000ng \cdot mL^{-1}$。目前有些光谱分析法的相对灵敏度已达到 10^{-9} 数量级，绝对灵敏度已达 $10^{-14}g$，甚至更小些。

在分析速度方面，光谱分析是比较快速的，如冶金部门把光电直读光谱仪应用到炉前炼钢分析，20多种元素在 $2min$ 内报出结果。目前，用 ICP-AES（电感耦合等离子体原子发射光谱）分析含量从常量到痕量的试样，$1\sim2min$ 内报出70多种元素的测定结果，已不属罕见。

2. 使用试样量少，适合微量和超微量分析

发射光谱分析每次只需试样几毫克，少至十分之几毫克。采用激光显微光源和微火花光源时，每次试样用量只需几微克。电热原子化原子吸收分析的试样用量，液体样品为几微升到几十微升，固体粉末为几十微克。

3. 多元素同时测定

发射光谱分析采用光电直读光谱仪，已经实现了多元素同时测定。以共振检测器作单色仪，已用于六通道原子吸收光谱仪上。另外，使用光纤和多元素灯同时测定多个元素，已应用于地质矿物分析。

4. 光谱分析法特别适合于远距离的遥感分析

星际有关组分的遥感测定就是一例。

5. 光谱分析已从成分分析发展到特征分析

如微观分析、存在状态及结构分析等。

第二节　实 验 内 容

实验 2-1　水质总磷的测定(钼酸铵分光光度法)

一、实验目的

1. 了解水质总磷的测定原理。

2. 掌握分光光度法测定水质总磷的操作。

二、实验原理

磷是水富营养化的关键元素。为了保护水质，控制危害，在水环境检测中总磷已经列入监测项目。总磷包括水溶解的、悬浮的有机磷和无机磷，因此将未过滤的水样消解可以测定水中总磷含量。将水中各形态磷转化成可溶态的无机磷酸盐的消解方法有很多，本实验选用过硫酸钾消解。

在中性条件下，过硫酸钾溶液在高压锅内经过 120℃ 以上加热，发生如下反应：

$$K_2S_2O_8 + H_2O \longrightarrow 2KHSO_4 + [O]$$

从而将水中有机磷、无机磷，悬浮物内的磷氧化成正磷酸。

在酸性介质中，正磷酸与钼酸铵反应，在锑盐存在下生成磷钼杂多酸后，立即被抗坏血酸还原，生成蓝色的络合物，在 880nm 和 700nm 波长下均有最大吸收。

三、仪器与试剂

1. 仪器

灭菌锅；50mL 具塞（磨口）刻度试管；分光光度计。

2. 试剂

过硫酸钾溶液；抗坏血酸溶液；钼酸盐溶液；硫酸；磷酸标准储存溶液；磷标准使用液。

3. 标准溶液配制

（1）$50g \cdot L^{-1}$ 过硫酸钾溶液：将 5g 过硫酸钾（$K_2S_2O_8$，A.R.）溶于水并稀释至 100mL。

（2）$100g \cdot L^{-1}$ 抗坏血酸溶液：溶解 10g 抗坏血酸（C.P.）于水中，并稀释至 100mL，将此溶液储存于棕色的试剂瓶中，在冷处可稳定几周。如不变色可长时间使用。

（3）钼酸盐溶液：溶解 13g 钼酸铵 $[(NH_4)_6Mo_7O_{24} \cdot 4H_2O]$ 于 100mL 水中。溶解 0.35g 酒石酸锑钾 $[K(SbO)C_4H_4O_6 \cdot \frac{1}{2}H_2O]$ 于 100mL 水中，在不断搅拌下把钼酸铵溶液缓缓加到 300mL（1+1）硫酸中，然后再加酒石酸锑钾溶液混合均匀。此溶液储存在棕色瓶中，在冷处可保存 2 个月。

（4）硫酸：硫酸（H_2SO_4，A.R.），密度为 $1.84g \cdot mL^{-1}$。

（5）磷酸标准储存溶液：称取 0.2197g 在干燥器中于 110℃ 干燥 2h 后放冷的磷酸二氢钾（KH_2PO_4，A.R.），用水稀释后移至 1000mL 容量瓶中。加入大约 800mL 水，加 5mL 硫酸并用水稀释至标线，摇匀。浓度为 $50.0\mu g \cdot mL^{-1}$。

（6）磷标准使用液：将 10.00mL 的磷标准储存溶液移至 250mL 容量瓶中，用水稀释至标线，混匀。浓度为 $2.0\mu g \cdot mL^{-1}$。

四、实验步骤

1. 试样的预处理

取 25.00mL 样品于具塞刻度试管中（取样时应将样品摇匀，使有沉淀或悬浮的样品能得到均匀取样。如样品含磷量高可相应减少取样量并用水补充至 25mL），加入 4mL 过硫酸钾（如果试液是酸化存储的应预先中和成中性）。将具塞刻度试管塞紧后用纱布和线将玻璃塞扎紧，高压锅灭菌 30min，取出冷却并用水稀释至 40mL。

2. 显色

分别向各消解液加入 1mL 抗坏血酸溶液，摇匀。30s 后加 2mL 钼酸盐溶液再加水至 50mL 标线。充分混合摇匀，15min 后测定。

3. 空白试液

用水代替试样按步骤进行空白试验。

4. 测定

按分光光度计操作步骤，波长调至 700nm 以水做参比测定吸光度，扣除空白试验的吸光度后，从工作曲线或从相关回归统计的计数器中查得磷的含量。

5. 工作曲线的绘制

取 7 支 50mL 具塞刻度试管分别加入 0.00mL、0.50mL、1.00mL、2.50mL、5.00mL、10.00mL、15.00mL 磷酸盐标准溶液。加水至 40mL，按步骤显色。以水做参比，测定吸光度。扣除空白试验的吸光度后，以校正后的吸光度对应相应磷含量绘制工作曲线，进行相关回归统计。

五、数据处理

总磷含量以 C（$mg \cdot L^{-1}$）表示：

$$C = m / V$$

式中　m——试样测出含磷量，μg；

　　　V——测定用试样体积，mL。

六、注意事项

1. 水中砷、铬、硫将严重干扰测定，砷大于 $2mg \cdot L^{-1}$ 时使测定结果偏高，可用硫代硫酸钠除去；硫大于 $2mg \cdot L^{-1}$ 时干扰测定，通氮气除去；铬大于 $50mg \cdot L^{-1}$ 时干扰测定，用亚硫酸钠除去。

2. 含 Cl 化合物高的水样品在消解过程中会产生 Cl_2 对测定产生负干扰，含有大量不含磷的有机物会影响有机磷的消解使其转化成正磷酸。此样品应选用 HNO_3-$HClO_4$ 方法消解样品。

3. 如果水样已经加酸保存的，则需中和后加过硫酸钾消煮。

七、思考题

1. 为什么把水的总磷列入必须监测项目？总磷中包括哪些形态的磷？

2. 当有机物和悬浮物不能用消解方法消解时对分析结果有无影响？如何解决？

3. 本方法需要哪些显色条件？如何消除干扰？

实验 2-2　食品中亚硝酸盐含量测定（盐酸萘乙二胺法）

一、实验目的

1. 掌握样品制备、提取的基本操作技能。

2. 掌握分光光度计的使用。

3. 了解食品中亚硝酸盐含量的卫生标准。

二、实验原理

亚硝酸盐采用盐酸萘乙二胺法测定，硝酸盐采用镉柱还原法测定。

试样经沉淀蛋白质、除去脂肪后，在弱酸条件下亚硝酸盐与对氨基苯磺酸重氮化后，再与盐酸萘乙二胺偶合形成紫红色染料，外标法测得亚硝酸盐含量。

三、仪器与试剂

1. 仪器

天平：感量为 0.1mg 和 1mg；组织捣碎机；恒温干燥箱；分光光度计；比色杯（2cm）。

2. 试剂

亚铁氰化钾 $[K_4Fe(CN)_6 \cdot 3H_2O]$；乙酸锌 $[Zn(CH_3COO)_2 \cdot 2H_2O]$；冰醋酸 (CH_3COOH)；硼酸钠 $(Na_2B_4O_7 \cdot 10H_2O)$；盐酸（$\rho=1.19g \cdot mL^{-1}$）；氨水（25%）；对氨基苯磺酸 $(C_6H_7NO_3S)$；盐酸萘乙二胺 $(C_{12}H_{14}N_2 \cdot 2HCl)$；亚硝酸钠 $(NaNO_2)$。

除非另有规定，本方法所用试剂均为分析纯。水为 GB/T 6682—2008 规定的二级水或去离子水。

3. 标准溶液配制

(1) 亚铁氰化钾溶液（$106g \cdot L^{-1}$）：称取 106.0g 亚铁氰化钾，用水溶解，并稀释至 1000mL。

(2) 乙酸锌溶液（$220g \cdot L^{-1}$）：称取 220.0g 乙酸锌，先加 30mL 冰醋酸溶解，用水稀释至 1000mL。

(3) 饱和硼砂溶液（$50g \cdot L^{-1}$）：称取 5.0g 硼酸钠，溶于 100mL 热水中，冷却后备用。

(4) 盐酸（$0.1mol \cdot L^{-1}$）：量取 5mL 盐酸，用水稀释至 600mL。

(5) 对氨基苯磺酸溶液（$4g \cdot L^{-1}$）：称取 0.4g 对氨基苯磺酸，溶于 100mL 20%（体积分数）盐酸中，置棕色瓶中混匀，避光保存。

(6) 盐酸萘乙二胺溶液（$2g \cdot L^{-1}$）：称取 0.2g 盐酸萘乙二胺，溶于 100mL 水中，混匀后，置棕色瓶中，避光保存。

(7) 亚硝酸钠标准溶液（$200\mu g \cdot mL^{-1}$）：准确称取 0.1000g 于 110~120℃干燥恒重的亚硝酸钠，加水溶解移入 500mL 容量瓶中，加水稀释至刻度，混匀。

(8) 亚硝酸钠标准使用液（$5.0\mu g \cdot mL^{-1}$）：临用前，吸取亚硝酸钠标准溶液 5.00mL，置于 200mL 容量瓶中，加水稀释至刻度。

四、实验步骤

1. 试样的预处理

(1) 新鲜蔬菜、水果：将试样用去离子水洗净，晾干后，取可食部分切碎混匀。将切碎的样品用四分法取适量，用食物粉碎机制成匀浆备用。如需加水应记录加水量。

(2) 肉类、蛋、水产及其制品：用四分法取适量或取全部，用食物粉碎机制成匀浆备用。

(3) 乳粉、豆奶粉、婴儿配方粉等固态乳制品（不包括干酪）：将试样装入能够容纳 2 倍试样体积的带盖容器中，通过反复摇晃和颠倒容器使样品充分混匀直到使试样均一化。

(4) 发酵乳、乳、炼乳及其他液体乳制品：通过搅拌或反复摇晃和颠倒容器使试样充分混匀。

（5）干酪：取适量的样品研磨成均匀的泥浆状。为避免水分损失，研磨过程中应避免产生过多的热量。

2. 提取

称取 5g（精确至 0.01g）制成匀浆的试样（如制备过程中加水，应按加水量折算），置于 50mL 烧杯中，加 12.5mL 饱和硼砂溶液，搅拌均匀，以 70℃左右的水约 300mL 将试样洗入 500mL 容量瓶中，于沸水浴中加热 15min，取出置冷水浴中冷却，并放置至室温。

3. 提取液净化

在振荡上述提取液时加入 5mL 亚铁氰化钾溶液，摇匀，再加入 5mL 乙酸锌溶液，以沉淀蛋白质。加水至刻度，摇匀，放置 30min，除去上层脂肪，上清液用滤纸过滤，弃去初滤液 30mL，滤液备用。

4. 亚硝酸盐的测定

吸取 40.0mL 上述滤液于 50mL 带塞比色管中，另吸取 0.00mL、0.20mL、0.40mL、0.60mL、0.80mL、1.00mL、1.50mL、2.00mL、2.50mL 亚硝酸钠标准使用液（相当于 $0.0\mu g$、$1.0\mu g$、$2.0\mu g$、$3.0\mu g$、$4.0\mu g$、$5.0\mu g$、$7.5\mu g$、$10.0\mu g$、$12.5\mu g$ 亚硝酸钠），分别置于 50mL 带塞比色管中。于标准管与试样管中分别加入 2mL 对氨基苯磺酸溶液，混匀，静置 3~5min 后各加入 1mL 盐酸萘乙二胺溶液，加水至刻度，混匀，静置 15min，用 2cm 比色杯，以零管调节零点，于波长 538nm 处测吸光度，绘制标准曲线比较。同时做空白试剂。

五、数据处理

亚硝酸盐含量计算：亚硝酸盐（以亚硝酸钠计）的含量按下式进行计算。

$$X_1 = \frac{A_1 \times 1000}{m \times \dfrac{V_1}{V_0} \times 1000}$$

式中　X_1——试样中亚硝酸钠的含量，$mg \cdot kg^{-1}$；

　　　A_1——测定用样液中亚硝酸钠的质量，μg；

　　　m——试样质量，g；

　　　V_1——测定用样液体积，mL；

　　　V_0——试样处理液总体积，mL。

以重复性条件下获得的两次独立测定结果的算术平均值表示，结果保留两位有效数字。

六、注意事项

1. 以重复性条件下获得的两次独立测定结果的算术平均值表示，结果保留两位有效数字。

2. 在重复性条件下获得的两次独立测定结果的绝对差值不得超过算术平均值的 10%。

实验 2-3　蔬菜、水果中硝酸盐的测定（紫外分光光度法）

一、实验目的

1. 掌握紫外分光光度法测定蔬菜水果中硝酸盐的原理和操作。

2. 了解硝酸盐的一些性质。

二、实验原理

用 pH9.6～9.7 的氨缓冲液提取样品中硝酸根离子，同时加活性炭去除色素类，加沉淀剂去除蛋白质及其他干扰物质，利用硝酸根离子和亚硝酸根离子在紫外区 219nm 处具有等吸收波长的特性，测定提取液的吸光度，其测得结果为硝酸盐和亚硝酸盐吸光度的总和，鉴于新鲜蔬菜、水果中亚硝酸盐含量甚微，可忽略不计。测定结果为硝酸盐的吸光度，可从工作曲线上查得相应的质量浓度，计算样品中硝酸盐的含量。

三、仪器与试剂

1. 仪器

紫外分光光度计；分析天平：感量为 0.01g、0.0001g；组织捣碎机；可调式往返振荡机；pH 计，精度为 ±0.01，使用前校正。

2. 试剂

盐酸（HCl）；氢氧化铵（NH_4OH）；氨缓冲溶液（pH9.6～9.7）；活性炭（粉状）；正辛醇；亚铁氰化钾溶液；硫酸锌溶液；硝酸盐标准溶液。

除非另行说明，本方法仅使用确认的分析纯试剂和 GB/T 6682—2008 规定的二级水或去离子水。

3. 标准溶液配制

(1) 氨缓冲溶液（pH9.6～9.7）：量取 20mL 盐酸，加入到 500mL 水中，混合后加入 50mL 氢氧化铵，用水定容至 1000mL。用精密 pH 计调 pH 到 9.6～9.7。

(2) 亚铁氰化钾溶液 $\{w[K_4Fe(CN)_6 \cdot 3H_2O] = 15\%\}$：称取 150g 亚铁氰化钾溶于水，定容至 1000mL。

(3) 硫酸锌溶液 $[w(ZnSO_4) = 30\%]$：称取 300g 硫酸锌溶于水，定容至 1000mL。

(4) 硝酸盐标准溶液：称取 0.2039g 经 110℃±5℃ 烘干至恒重的硝酸钾（优级纯），用水溶解，定容至 250mL。此溶液硝酸根质量浓度为 500mg·L^{-1}，于冰箱内保存。

四、实验步骤

1. 试样制备

选取一定数量有代表性的样品，先用自来水冲洗，再用水清洗干净，晾干表面水分，用四分法取样，切碎，充分混匀，于组织捣碎机中匀浆（部分少汁样品可按一定质量比例加入等量水），在匀浆中加 1 滴正辛醇消除泡沫。

2. 分析步骤

(1) 提取 称取匀浆试样 10g（准确至 0.01g）于 100mL 烧杯中，用 100mL 水分次将样品转移到 250mL 容量瓶中，加入 5mL 氨缓冲溶液，2g 粉末状活性炭。在可调式往返振荡机上（200 次·min^{-1}）振荡 30min，加入亚铁氰化钾溶液和硫酸锌溶液各 2mL，充分混合，加水定容至 250mL，充分摇匀，放置 5min，用定量滤纸过滤。同时做空白实验。

(2) 测定 根据试样中硝酸盐含量的高低，吸取上述滤液 2～10mL 于 50mL 容量瓶内，用水定容。用 1cm 石英比色皿，于 219nm 处测定吸光度。

(3) 工作曲线的绘制 分别吸取 0mL、0.2mL、0.4mL、0.6mL、0.8mL、1.0mL 和

1.2mL 硝酸盐标准溶液于 50mL 容量瓶中，加水定容至刻度，摇匀，此标准系列溶液硝酸根质量浓度分别为 0mg·L^{-1}、2.0mg·L^{-1}、4.0mg·L^{-1}、6.0mg·L^{-1}、8.0mg·L^{-1}、10.0mg·L^{-1} 和 12.0mg·L^{-1}。用 1cm 石英比色皿，于 219nm 处测定吸光度，以标准溶液质量浓度为横坐标，吸光度为纵坐标绘制工作曲线。

五、数据处理

样品中硝酸盐含量（mg·kg^{-1}）按下式计算：

$$w = \frac{\rho V_1 V_3}{m V_2}$$

式中 w——样品中硝酸盐含量，mg·kg^{-1}；

ρ——从工作曲线中查得测试液中硝酸盐质量浓度，mg·L^{-1}；

V_1——提取液定容体积，mL；

V_2——吸取滤液体积，mL；

V_3——待测液定容体积，mL；

m——样品质量，g。

计算结果保留到整数位。

六、注意事项

1. 使用的样品应该是新鲜蔬菜水果，否则可能对结果的准确性产生影响。

2. 在重复性条件下获得的两次独立测试结果的绝对差值不大于这两个测定值的算术平均值的 5%。

七、思考题

1. 为什么本实验没有测定亚硝酸可能产生的干扰？

2. 硝酸盐对人体有毒性吗，测定其含量有何意义？

实验 2-4   分光光度法同时测定维生素 C 和维生素 E

一、实验目的

1. 了解维生素的性质和分析方法。

2. 掌握在紫外光谱区同时测定双组分体系的方法。

二、实验原理

维生素 C（抗坏血酸）和维生素 E（α-生育酚）在食品中能起抗氧化剂作用，即它们在一定时间内能防止油脂变性。维生素 C 是水溶性的，维生素 E 是脂溶性的，它们都能溶于无水乙醇，因此在同一溶液中，用可见分光光度法测定双组分的原理是在紫外光谱区测定它们。

三、仪器与试剂

1. 仪器

紫外-可见分光光度计；石英吸收池，一对；50mL 容量瓶，9 只；1000mL 容量瓶，2 只；10mL 吸量管，2 支。

2. 试剂

无水乙醇；维生素 C（抗坏血酸）；维生素 E（α-生育酚）。

四、实验步骤

1. 准备工作

(1) 清洗容量瓶等需要使用的玻璃仪器，晾干待用。

(2) 检查仪器，开机预热 20min，并调试至正常工作状态。

2. 配制系列标准溶液

(1) 配制维生素 C 系列标准溶液：称取 0.0132g 维生素 C，溶于无水乙醇中，定量转移入 1000mL 容量瓶中，用无水乙醇稀释至标线，摇匀。此溶液浓度为 7.50×10^{-5} mol·L^{-1}。分别吸取上述溶液 4.00mL、6.00mL、8.00mL、10.00mL 于 4 只洁净干燥的 50mL 容量瓶中，用无水乙醇稀释至标线，摇匀。

(2) 配制维生素 E 系列标准溶液：称取维生素 E（α-生育酚）0.0488g，溶于无水乙醇中，定量转移入 1000mL 容量瓶中，用无水乙醇稀释至标线，摇匀。此溶液浓度为 1.13×10^{-4} mol·L^{-1}。分别吸取上述溶液 4.00mL、6.00mL、8.00mL、10.00mL 于 4 只洁净干燥的 50mL 容量瓶中，用无水乙醇稀释至标线，摇匀。

(3) 绘制吸收光谱曲线：以无水乙醇为参比，在 220～320nm 范围绘制维生素 C 和维生素 E 的吸收光谱曲线，并确定入射光波长 λ_1 和 λ_2。

(4) 绘制工作曲线：以无水乙醇为参比，分别在 λ_1 和 λ_2 处测定维生素 C 和维生素 E 系列标准溶液的吸光度，并记录测定结果和实验条件。

3. 试样测定

取未知液 5.00mL 于 50mL 容量瓶中，用无水乙醇稀释至标线，摇匀。在 λ_1 和 λ_2 处分别测出吸光度 A_{λ_1} 和 A_{λ_2}。

五、数据处理

1. 绘制维生素 C（抗坏血酸）和维生素 E（α-生育酚）的吸收曲线。

2. 分别绘制维生素 C 和维生素 E 在 λ_1 和 λ_2 时的 4 条工作曲线，求出 4 条直线的斜率，即 $\varepsilon_{\lambda_1(C)}$ 和 $\varepsilon_{\lambda_2(C)}$，$\varepsilon_{\lambda_1(E)}$ 和 $\varepsilon_{\lambda_2(E)}$。

3. 由测得的未知液 $A_{\lambda_1(C+E)}$ 和 $A_{\lambda_2(C+E)}$，根据公式 $A = \varepsilon_x b c_x + \varepsilon_y b c_y$ 列出两方程，从而计算未知样中维生素 C 和维生素 E 的浓度。

六、注意事项

抗坏血酸会缓慢地氧化成脱氢抗坏血酸，所以每次实验时必须配制新鲜溶液。

七、思考题

1. 使用本方法测定维生素 C 和维生素 E 是否灵敏？解释其原因。

2. 写出抗坏血酸和 α-生育酚的结构式，并解释一个是"水溶性"，一个是"脂溶性"的原因。

实验 2-5　分光光度法测定一氧化碳中毒血液中碳氧血红蛋白浓度

一、实验目的

1. 通过实验掌握分光光度法的基本原理和使用方法。

2. 了解一氧化碳中毒的机理和 Matlab 软件的应用。

二、实验原理

利用血红蛋白和碳氧血红蛋白在 500～610nm 可见光区域内的吸收特征，读取指定波长（510nm、540nm、555nm、600nm）下的吸光度数据值，利用 Matlab 软件计算碳氧血红蛋白饱和度。

三、仪器与试剂

1. 仪器

紫外-可见光谱仪；玻璃容量瓶；试管；石英比色皿（1cm）；移液枪；滤纸。

2. 试剂

去离子水；浓氨水（A.R.）；连二亚硫酸钠（保险粉，A.R.）。

四、实验步骤

1. 一氧化碳饱和血制备：取 150mL 三角烧瓶，加新鲜血 100mL，加几滴正丁醇消泡，用封口膜或软木塞密封，用 2 根玻璃管插入三角烧瓶，其中一根插入血液液面下通入 CO 气体，另外一根置于液面上方作为排气口，通气速度控制在目测鼓泡为佳，通 CO 气体半小时后，密封轻摇 3min。根据实验需要，可取饱和血和新鲜空白血混合配制成需用的浓度，冰箱 4℃保存。

2. 样品处理：吸取制备好的样品 100μL 两份分别于 10mL 试管中，用去离子水稀释至 5mL，将稀释后的血样转移至 1cm 石英比色皿中，加 1 滴（约 0.05mL）浓氨水，再加入 50～100mg 固体连二亚硫酸钠（过量），混合，轻轻摇匀后放置 3min 供检。实验时，取空白血进行平行对照实验。

3. 检测与记录：将已经制备好的检材血倒入 1cm 的石英比色皿中，置于紫外-可见光谱仪样品仓内，在选择的仪器条件下测定，扫描记录 500～610nm 之间的可见光谱图，读取指定波长下（510nm、540nm、555nm、600nm）的吸光度数据值 A。二份检材血样平行同时测定，扫描 2 次，记录数据，保存电子文档。

4. 参考条件：用去离子水为参比进行基线校正；扫描速度为中速；扫描波长范围为 500～610nm。

五、数据处理

1. 碳氧血红蛋白饱和度的计算

$A=[510 \quad A1$

$\quad\quad 540 \quad A2$

$\quad\quad 555 \quad A3$

$\quad\quad 600 \quad A4]$

$Y22=(A(3,2)-A(1,2))*(A(2,1)-A(1,1))/(A(3,1)-A(1,1))+A(1,2)$

$B=A(2,2)-Y22$

$Y33=(A(1,2)-A(4,2))*(A(3,1)-A(4,1))/(A(1,1)-A(4,1))+A(4,2)$

$C=A(3,2)-Y33$

$W=COHb\%=B/C*100*1.5$

其中 A1、A2、A3、A4 分别为 510nm、540nm、555nm、600nm 处的吸光度数据值，W 为碳氧血红蛋白饱和度，以上计算过程由 Matlab 软件自动计算。

2. 相对偏差的计算

按照下列公式计算：

$$RD = \frac{|W_1 - W_2|}{W} \times 100\%$$

式中，W_1、W_2 为同一样品两份平行样定量测定的结果，%；W 为 W_1、W_2 的平均值，%。

六、思考题

1. 一氧化碳中毒机理是什么，如何防止中毒？
2. Matlab 软件的用途有哪些？

实验 2-6　原子吸收光谱法测定自来水的钙、镁含量（标准曲线法）

一、实验目的

1. 学习原子吸收光谱分析法的基本原理。
2. 了解原子吸收光谱分析仪的基本结构及使用方法。
3. 掌握以标准曲线法测定自来水中钙、镁含量的方法。

二、实验原理

标准曲线法是原子吸收光谱分析中最常用的方法之一。该法是配制已知浓度的标准溶液系列，在一定的仪器条件下，依次测出它们的吸光度，以标准溶液的浓度为横坐标，相应的吸光度为纵坐标，绘制标准曲线。样品经适当处理后，在测量标准曲线吸光度相同的实验条件下测量其吸光度，根据样品溶液的吸光度，在标准曲线上即可查出样品溶液中被测元素的含量，再换算成原始样品中检测元素的含量。

标准曲线法常用于分析共存的基体成分较为简单的样品。如果样品中共存的基体成分比较复杂，则应在标准溶液中加入相同类型和浓度的基体成分，以消除或减少基体效应带来的干扰。必要时应采用标准加入法进行定量分析。自来水中其他杂质元素对钙和镁的原子吸收光谱法测定基本没有干扰，样品经适当稀释后，即可采用标准曲线法进行测定。

三、仪器与试剂

1. 仪器

热电 M6 型原子吸收分光光度计；钙、镁空心阴极灯；无油空气压缩机；乙炔钢瓶；通风设备；容量瓶、移液管等。

2. 试剂

金属镁或碳酸镁、无水碳酸钙，均为优级纯；浓盐酸（优级纯）；$1mol \cdot L^{-1}$ 稀盐酸溶液；纯水、去离子水或蒸馏水。

3. 标准溶液配制

（1）钙标准储备液（$1000\mu g \cdot mL^{-1}$）：准确称取已在 110℃ 下烘干 2h 的无水碳酸钙 0.6250g 于 100mL 烧杯中，用少量纯水润湿，盖上表面皿，滴加 $1mol \cdot L^{-1}$ 盐酸溶液，直至完全溶解，然后把溶液转移到 250mL 容量瓶中。用水稀释到刻度，摇匀备用。

（2）钙标准使用液（$100\mu g \cdot mL^{-1}$）：准确吸取 10mL 上述钙标准储备液于 100mL 容量

瓶中，用水稀释至刻度，摇匀备用。

(3) 镁标准储备液 (1000μg·mL^{-1})：准确称取金属镁 0.2500g 于 100mL 烧杯中，盖上表面皿，滴加 5mL 1mol·L^{-1} 盐酸溶液溶解，然后把溶液转移到 250mL 容量瓶中，用水稀释至刻度，摇匀备用。

(4) 镁标准使用液 (50μg·mL^{-1})：准确吸取 5mL 上述镁标准储备液于 100mL 容量瓶中，用水稀释至刻度，摇匀备用。

四、实验步骤

1. 配制标准溶液系列

(1) 钙标准溶液系列：准确吸取 2.00mL、4.00mL、6.00mL、8.00mL、10.00mL 钙标准使用液 (100μg·mL^{-1})，分别置于 5 只 25mL 容量瓶中，用去离子水稀释至刻度，摇匀备用。该标准溶液系列钙的质量浓度分别为 8.00μg·mL^{-1}、16.00μg·mL^{-1}、24.00μg·mL^{-1}、32.00μg·mL^{-1}、40.00μg·mL^{-1}。

(2) 镁标准溶液系列：准确吸取 1.00mL、2.00mL、3.00mL、4.00mL、5.00mL 镁标准使用液 (50μg·mL^{-1})，分别置于 5 只 25mL 容量瓶中，用去离子水稀释至刻度，摇匀备用。该标准溶液系列镁的质量浓度分别为 2.00μg·mL^{-1}、4.00μg·mL^{-1}、6.00μg·mL^{-1}、8.00μg·mL^{-1}、10.00μg·mL^{-1}。

2. 配制自来水样溶液

准确吸取适量自来水样至 25mL 容量瓶中，用去离子水稀释至刻度，摇匀。

3. 测量标准钙溶液的吸光度

将原子吸收分光光度计按操作步骤进行调节，待仪器读数稳定后即可进样。在测定之前先用去离子水喷雾，调节读数至零点。然后按照浓度由低到高的原则，依次间隔测量标准钙溶液并记录吸光度。

4. 测量水样中钙的吸光度

在相同的实验条件下，测量水样中钙的吸光度。

5. 测量镁标准溶液及水样中镁的吸光度

按相同的方法测量镁标准溶液及水样中镁的吸光度。

测量结束后，先吸喷去离子水，清洁燃烧器，然后关闭仪器，关电源，最后关闭空气。

五、数据处理

1. 记录实验条件。

2. 将钙、镁标准溶液系列的吸光度值记录于下表，然后以吸光度为纵坐标，质量浓度为横坐标绘制标准曲线，并计算回归方程和标准偏差（或相关系数）。

钙的测定	钙标准溶液/μg·mL^{-1}	2.00	4.00	6.00	8.00	10.00
	吸光度 A					
镁的测定	镁标准溶液/μg·mL^{-1}	1.00	2.00	3.00	4.00	5.00
	吸光度 A					

3. 测量自来水样溶液的吸光度，然后在上述标准曲线上分别查得水样中钙、镁的含量（或用回归方程计算），若经稀释，需乘上相应的倍数，求得水样中钙、镁的含量，以 μg·

mL^{-1} 表示。

六、思考题

1. 原子吸收光谱分析能否用氢灯或钨灯代替，为什么？

2. 如何选择最佳的实验条件？

3. 从实验安全考虑，在操作时应注意什么问题？为什么？

实验 2-7　原子吸收测定最佳实验条件的选择

一、实验目的

1. 了解原子吸收分光光度计的结构、性能及操作方法。

2. 了解实验条件对测定的灵敏度、准确度和干扰情况的影响及最佳实验条件的选择。

二、实验原理

在原子吸收分析中，测定条件的选择，对测定的灵敏度、准确度和干扰情况均有很大影响。

通常选择共振线作分析线，使测定有较高的灵敏度。但为了消除干扰，可选择灵敏度较低的谱线。例如，测定 Pb 时，为了避开短波区分子吸收的影响，不用 217.0nm 的共振线，而常选用 283.3nm 的次灵敏线。分析高浓度样品时，也采用灵敏度较低的谱线，以便得到适中的吸光度。

使用空心阴极灯时，灯电流不能超过允许的最大工作电流值。灯的工作电流过大，易产生自吸（蚀）作用，多普勒效应增加，谱线变宽，测定灵敏度降低，工作曲线弯曲，灯的寿命减少。灯电流低，谱线变宽小，灵敏度高。但灯电流过低，发光强度减弱，发光不稳定，信噪比下降。在保证稳定和适当光强输出情况下，尽可能选用较低的灯电流。

燃气和助燃气流量比（简称燃助比）的改变，直接影响测定的灵敏度和干扰情况。燃助比小于 1∶6 的贫燃焰，燃烧充分，温度较高，还原性差，适于不易氧化的元素测定。燃助比大于 1∶3 的富燃焰，燃烧充分，温度较前者低，噪声较大，火焰呈还原气氛，适于易形成难熔氧化物的元素测定。燃助比为 1∶4 的化学计量焰，温度较高，火焰稳定，噪声小，多数元素分析常用这种火焰。

被测元素基态原子的浓度，随火焰高度不同，分布是不均匀的。因为火焰高度不同，火焰温度和还原气氛不同，基态原子浓度也不同。

原子吸收测定中，光谱干扰较小，测定时可以使用较宽的狭缝，增加光强，提高信噪比。对谱线复杂的元素，如铁族、稀土等，要采用较小的狭缝，否则工作曲线弯曲。过小的狭缝使光强减弱，信噪比变差。

三、仪器与试剂

1. 仪器

热电 M5 型原子吸收分光光度计；铜空心阴极灯；空气压缩机；乙炔钢瓶。

2. 试剂

铜储备液配制（100μg·mL^{-1}）：准确称取 0.1000g 光谱纯金属，用 15mL（1＋1）HNO_3 溶解，必要时加热直至溶解完全。用水稀释至 1000mL。

四、实验步骤

1. 实验溶液的配制

铜标准使用液（$10\mu g \cdot mL^{-1}$）：由 $100\mu g \cdot mL^{-1}$ 的铜储备液准确稀释 10 倍。吸取铜标准使用液 0.00mL、0.50mL、1.00mL、3.00mL、5.00mL、10.00mL，分别放入 6 个 100mL 容量瓶中，用 0.2% HNO_3 稀释定容。

2. 点燃火焰

(1) 开启空气压缩机，打开仪器上助燃气压表，压力调至 0.2MPa。

(2) 开启乙炔钢瓶，调节减压阀使乙炔输出压力为 0.07MPa 左右。调节仪器上燃气压力表，使其压力为 0.05MPa 左右。

(3) 先开启仪器面板上助燃气流量计开关，再开乙炔流量计开关，立即点火，火焰点燃后，调节空气和乙炔流量的比例，用去离子水喷雾。

3. 最佳实验条件的选择

(1) 分析线：根据对试样分析灵敏度的要求、干扰的情况，选择合适的分析线。试液浓度低时，选择灵敏线；试液浓度较高时，选择次灵敏线，并要选择没有干扰的谱线。

(2) 空心阴极灯的工作电流选择：喷雾所配制的实验溶液，每改变一次灯电流，记录对应的吸光度信号。每测定一个数值前，必须先喷入蒸馏水调零（以下实验均相同）。

(3) 燃助比选择：固定其他实验条件和助燃气流量，喷入实验溶液，改变燃气流量，记录吸光度。

(4) 燃烧器高度选择：喷入实验溶液，改变燃烧器的高度，逐一记录对应的吸光度。

(5) 光谱通带选择：一般元素的光谱通带为 0.5～4.0nm，对谱线复杂的元素，如铁、钴、镍等，采用小于 0.2nm 的通带，可将共振线与非共振线分开。通带过小使光强减弱，信噪比降低。

4. 结束实验

(1) 实验结束后，喷入蒸馏水 3～5min，先关乙炔气，再关空气。

(2) 关闭灯电流开关、记录仪及总电源开关。

(3) 清理实验台面，盖好仪器罩，填好仪器使用登记卡。

五、数据处理

1. 绘制吸光度-灯电流曲线，找出最佳灯电流。

2. 绘制吸光度-燃气流量曲线，找出最佳燃助比。

3. 绘制吸光度-燃烧器高度曲线，找出燃烧器最佳高度。

六、注意事项

1. 乙炔钢瓶阀门旋开不超过 1.5 转，否则丙酮逸出。

2. 实验时，要打开通风设备，使金属蒸气及时排出室内。

3. 点火时，先开空气，后开乙炔气。熄火时，先关乙炔气，后关空气。室内若有乙炔气味，应立即关闭乙炔气源，开启通风系统，排除问题后，再继续进行实验。

七、思考题

1. 如何选择最佳实验条件？实验时，若条件发生变化，对结果有何影响？

2. 在原子吸收分光光度计中，为什么单色器位于火焰之后，而紫外可见分光光度计单色器位于试样室之前？

实验 2-8 环境样品土壤中铜含量的测定

一、实验目的

1. 掌握原子吸收光谱法测定环境土壤中微量元素的方法。

2. 学习土壤试样的前处理方法。

二、实验原理

原子吸收光谱法是测定多种试样中金属元素的常用方法。测定食品中微量金属元素，首先要处理试样，使其中的金属元素以可溶的状态存在。试样可以用湿法处理，即试样在酸中消解制成溶液。也可以用干法灰化处理，即将试样置于马弗炉中，在 $400\sim500℃$ 高温下灰化，再将灰分溶解在盐酸或硝酸中制成溶液。

本实验采用湿法处理样品，然后测定其中铜元素。

三、仪器与试剂

1. 仪器

热电 M5 型原子吸收分光光度计；铜空心阴极灯；电热板；聚四氟乙烯坩埚以及玻璃仪器。

2. 试剂

铜储备液：准确称取 1g 纯金属铜溶于少量 $6mol \cdot L^{-1}$ 硝酸中，移入 1000mL 容量瓶，用 $0.1mol \cdot L^{-1}$ 硝酸稀释至刻度，此溶液含铜 $1.000mg \cdot mL^{-1}$。

四、实验步骤

1. 试样的制备

将采集的土壤样品（一般不少于 500g）混匀后用四分法缩分至约 100g。缩分后的土样经风干（自然风干或冷冻干燥）后，除去土样中石子和动植物残体等异物，用玛瑙棒研压通过尼龙筛（除去 2mm 以上的砂砾），混匀。用玛瑙研钵将通过 2mm 尼龙筛的土样研磨至全部通过 100 目尼龙筛，混匀后备用。

2. 待测液的制备

准确称取 0.2~0.5g（精确至 0.0002g）试样于 50mL 聚四氟乙烯坩埚中，用水润湿后加入 10mL 盐酸（G.R.），于通风橱内的电热板上低温加热，使样品初步分解，待蒸发至 3mL 左右时，取下稍冷，然后加入 5mL 硝酸（G.R.）、5mL 氢氟酸（G.R.）、3mL 高氯酸（G.R.），加盖后于电热板上中温加热，1h 后，开盖，继续加热除硅。为了达到良好的飞硅效果，应经常摇动坩埚。当加热至冒浓厚白烟时，加盖，使黑色有机碳化物分解。待坩埚壁上的黑色有机物消失后，开盖驱赶高氯酸白烟并蒸发至内容物呈黏稠状。视消解情况可再加入 3mL 硝酸（G.R.）、3mL 氢氟酸（G.R.）、1mL 高氯酸（G.R.），重复上述消解过程。当白烟再次基本冒尽且坩埚内容物呈黏稠状时，取下稍冷，用水冲洗坩埚盖和内壁，并加入 1mL 硝酸溶液（1+1）温热溶解残渣。然后将溶液转移至 50mL 容量瓶中，冷却后用硝酸（2+98）定容至标线摇匀，备测。

3. 空白试样

用去离子水代替试样，采用与待测液相同步骤和试剂，制备空白溶液。

4. 标准溶液的配制

进行定量分析时，常采用标准曲线法，即用不同含量的标准溶液，通过雾化器，以雾状喷入火焰进行激发，测量其谱线强度，绘制标准曲线。然后以同样的操作条件测定试样溶液中被测元素的谱线强度，由标准曲线求出其浓度。

应用 $1000\mu g \cdot mL^{-1}$ 铜标准储备液，逐步稀释配制成 $0.00\mu g \cdot mL^{-1}$、$0.20\mu g \cdot mL^{-1}$、$0.40\mu g \cdot mL^{-1}$、$0.80\mu g \cdot mL^{-1}$、$1.20\mu g \cdot mL^{-1}$、$2.00\mu g \cdot mL^{-1}$ 的铜标准溶液系列，硝酸（2+98）作为介质。

5. 测定

调用程序，编辑分析方法，调节仪器至最佳工作条件。波长：324.8nm；通带：0.5nm；火焰类型：空气-乙炔；燃气流量：$1.1L \cdot min^{-1}$；燃烧器高度：7.0mm；灯电流：75%；测定模式：吸收；浓度输出方式：质量浓度（$mg \cdot L^{-1}$）；校正模式：普通；背景校正：D_2 校正。在仪器正常的情况下，先按由低至高的顺序依次测定标准系列。为保证测定准确，要求标准系列 $r > 0.99$。样品测定要求先测定空白，然后测定样品。仪器操作见相应操作规程。

（1）铜标准曲线的绘制。

（2）方法的检测限：对空白试样进行 11 次测定，计算其标准偏差，将标准偏差乘 3，其结果为检测限。计算检测限的值，$C_{L(K=3)} = 3S_A / S$，$\mu g \cdot mL^{-1}$。

五、数据处理

1. 原始记录

将实验原始记录填入下表中。

检测项目		天平号		仪器型号		设备编号	
测量方式		介质		波长	nm	灯电流	mA
试液体积	mL	火焰类型		光谱通带	nm	温、湿度	℃
标准系列：				计算公式：			
序　号	检测编号	取样量	浓　度	稀　释	浓　度	结　果	备　注

2. 数据计算

（1）Cu 含量计算：样品 Cu 含量（$\mu g \cdot g^{-1}$ 或 $ng \cdot g^{-1}$）＝观测值×液体体积×稀释倍数/称样量

（2）误差计算：计算两次测定结果的相对误差如下。

$$RE = \frac{R_1 - R_2}{\frac{1}{2}(R_1 + R_2)} \times 100\%$$

(3) 计算分析合格率：在样品含量已知的条件下，假设分析铜的相对误差 20% 为合格，计算本次样品分析的合格率。

六、注意事项

1. 细心控制温度，升温过快反应物易溢出或炭化。

2. 土壤消化物若不足呈灰白色，应补加少量高氯酸，继续消化。由于高氯酸对空白影响大，要控制用量。

3. 高氯酸具有氧化性，应待土壤里大部分有机质消化完反应物，冷却后再加入，或者在常温下，有大量硝酸存在下加入，否则会使杯中样品溅出或爆炸，使用时务必小心。

4. 若高氯酸氧化作用进行过快，有爆炸可能时，应迅速冷却或用冷水稀释，即可停止高氯酸氧化作用。

5. 由于采用硝酸分解，土壤样品可能分解不完全，容量瓶底部有沉淀物存在，因此，测定过程中注意毛细管插入深度，千万不要让颗粒物进入管中，造成毛细管堵塞。

6. 乙炔是易燃、易爆品，绝不可将火源、易燃物带入实验室。

7. 实验完毕后，必须关闭乙炔钢瓶总阀门，才可离开实验室。

七、思考题

1. 试分析原子吸收分光光度法测得土壤中金属元素的误差来源可能有哪些？

实验 2-9　原子吸收分光光度法测定豆制品中的铜

一、实验目的

1. 掌握原子吸收光谱法测定食品中微量元素的方法。

2. 学习食品试样的处理方法。

二、实验原理

原子吸收光谱法是测定多种试样中金属元素的常用方法。测定食品中微量金属元素，首先要处理试样，使其中的金属元素以可溶的状态存在。试样可以用湿法处理，即试样在酸中消解制成溶液。也可以用干法灰化处理，即将试样置于马弗炉中，在 400~500℃ 高温下灰化，再将灰分溶解在盐酸或硝酸中制成溶液。

本实验采用干法灰化处理样品，然后测定其中铜营养元素。此法也可用于其他食品，如豆类、水果、蔬菜、牛奶中微量元素的测定。

三、仪器与试剂

1. 仪器

热电 M5 型原子吸收分光光度计；铜空心阴极灯；马弗炉；瓷坩埚以及玻璃仪器。

2. 试剂

铜储备液：准确称取 1g 纯金属铜溶于少量 6mol·L^{-1} 硝酸中，移入 1000mL 容量瓶，用 0.1mol·L^{-1} 硝酸稀至刻度，此溶液含铜 1.000mg·mL^{-1}。

四、实验步骤

1. 试样的制备

准确称取 2g 试样，置于瓷坩埚中，放入马弗炉，在 500℃ 灰化 2~3h，取出冷却，加入

$6mol \cdot L^{-1}$ 盐酸 $4mL$，加热促使残渣完全溶解。移入 $50mL$ 容量瓶，用蒸馏水稀至刻度，摇匀。

2. 铜的测定

（1）系列标准溶液的配制：将铜储备液进行稀释，制成 $20.00\mu g \cdot mL^{-1}$ 铜的标准溶液。在 5 只 $100mL$ 容量瓶中，准确移取 $20.00\mu g \cdot mL^{-1}$ 铜标准溶液 $0.50mL$、$2.50mL$、$5.00mL$、$7.50mL$、$10.00mL$，再加入硝酸（$2+98$）稀至刻度，摇匀。

（2）标准曲线：铜的分析线为 $324.8nm$，其他测量条件通过实验选择。测量铜系列标准溶液的吸光度。铜系列标准溶液的浓度为 $0.10\mu g \cdot mL^{-1}$、$0.50\mu g \cdot mL^{-1}$、$1.00\mu g \cdot mL^{-1}$、$1.50\mu g \cdot mL^{-1}$、$2.00\mu g \cdot mL^{-1}$。

（3）试样溶液的分析：与标准曲线同样条件，测量步骤 1 制备的试样溶液中的铜的浓度。

五、数据处理

1. 运用 Excel 绘制铜的标准曲线。

2. 确定豆制品中铜元素的含量（$\mu g \cdot g^{-1}$）。

六、注意事项

1. 如果样品中这些元素的含量较低，可以增加取样量。

2. 处理好的试样溶液若浑浊，可用定量滤纸过滤。

七、思考题

1. 为什么稀释后的标准溶液只能放置较短的时间，而储备液则可以放置较长的时间？

实验 2-10 巯基棉分离富集——原子吸收光谱法测定痕量镉

一、实验目的

1. 掌握火焰原子吸收光谱仪的操作技术。

2. 优化火焰原子吸收光谱法测定水中镉的分析条件。

3. 熟悉原子吸收光谱法的应用。

二、实验原理

1. 巯基棉的制备原理

硫代乙醇酸使脱脂棉纤维巯基化，其反应如下：

（硫代乙醇酸）　　　　　　　　（固体吸附剂）

2. 巯基棉纤维吸附金属离子的机理

3. 痕量元素被洗脱原理

$$\underset{\substack{\mid\\ S\\ \mid\\ 0.5Cd}}{\overset{\substack{纤维素\\ \vdots}}{CH_2—C—OH}} \; \underset{O}{} + H^+ \longrightarrow \underset{\substack{\mid\\ SH\quad O}}{\overset{\substack{纤维素\\ \vdots}}{CH_2—C—OH}} + 0.5Cd^{2+}$$

三、仪器和试剂

1. 仪器

热电 M5 原子吸收分光光度计；镉空心阴极灯。

2. 试剂

1.0g·L^{-1}镉标准储备溶液；100mg·L^{-1}镉标准使用溶液；0.02mol·L^{-1}盐酸溶液；硫代乙醇酸（A. R.）；乙酸酐（A. R.）；浓硫酸（A. R.）；脱脂棉；废水试样。

四、实验步骤

1. 巯基棉纤维的制备

取硫代乙醇酸 20mL、乙酸酐 14mL 于烧杯中，加浓硫酸 2 滴，冷却后倒入 250mL 的棕色广口瓶中，加 4g 脱脂棉，充分浸润，盖上盖子，于室温下放置 24~48h，使纤维充分巯基化。取出巯基棉用自来水冲洗，用蒸馏水冲洗至中性，挤干后，于暗处保存。

2. 巯基棉吸附装置

由 250mL 的分液漏斗，下端接巯基棉管组成。巯基棉管 ϕ6nm×50mm，内装 0.1g 巯基棉纤维。以分液漏斗旋塞调节流速，如图 2-1 所示。

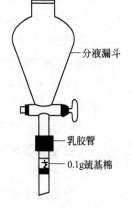

3. 工作条件的设置

(1) 吸收波长：Cd 228.8nm。

(2) 空心阴极灯电流：4mA。

(3) 狭缝宽度：0.5nm。

(4) 原子化器高度：8mm。

(5) 空气流量：4.5L·min^{-1}。

(6) 乙炔气流量：1.5L·min^{-1}。

图 2-1 巯基棉吸附装置

4. 巯基棉分离富集镉

取 250mL 含痕量 Cd^{2+} 的废水，调节 pH5~6，以 5mL·min^{-1} 的流量通过巯基棉吸附装置。用 5mL 0.02mol·L^{-1} 的 HCl 分 3 次洗脱 Cd^{2+}，将溶液全部转移到 25mL 的容量瓶中，用自来水定容、摇匀，备用。

5. 标准系列溶液

用 100mg·L^{-1} 镉标准使用溶液配制 0.0mg·L^{-1}、0.1mg·L^{-1}、0.2mg·L^{-1}、0.3mg·L^{-1}、0.4mg·L^{-1}、0.5mg·L^{-1} 的 Cd^{2+} 标准系列溶液。

6. 测定吸光度

在最佳工作条件下，以蒸馏水为空白样，测定 Cd^{2+} 标准系列溶液和富集后的 Cd^{2+} 溶液的吸光度。

7. 关机

实验结束后，按程序关机。

五、数据处理

用计算机按一元线性回归计算程序，绘制 Cd^{2+} 的 A-c 标准曲线，由富集后 Cd^{2+} 的吸光度，求算废水中 Cd^{2+} 含量。

六、思考题

1. 当使用雾化器时，经常使用稀硝酸作为溶剂。为什么硝酸是个较好的选择？（提示：硝酸盐的性质是什么？）

2. 火焰原子吸收光谱法具有哪些特点？

3. 从原理、仪器和应用三个方面比较可见光分光光度法、紫外-可见分光光度法、红外光谱法和原子吸收分光光度法。

实验 2-11　原子吸收法测定矿石中铜、锰、镍、铬、锌金属元素的含量

一、实验目的

1. 熟练火焰原子吸收光谱仪的操作技术。

2. 学会应用原子吸收光谱法测定矿石中某些金属元素的含量。

二、实验原理

原子吸收光谱法是依据处于气态的被测元素基态原子对该元素的原子共振辐射有强烈的吸收作用而建立的。该法具有检出限低，准确度高，选择性好，分析速度快等优点。

在温度、吸收光程、进样方式等实验条件固定时，样品产生的待测元素基态原子对作为锐线光源的该元素的空心阴极灯所辐射的单色光产生吸收，其吸光度（A）与样品中该元素的浓度（c）成正比，即 $A=Kc$。式中，K 为常数。据此，通过测量标准溶液及未知溶液的吸光度，又已知标准溶液浓度，可作标准曲线，求得未知液中待测元素浓度。

该法主要适用样品中微量及痕量组分分析。

三、仪器与试剂

1. 仪器

热电 M5 原子吸收分光光度计；铜、锰、镍、铬、锌空心阴极灯。

2. 试剂

盐酸（1+1）；硝酸（1+1）；铜、锰、镍、铬、锌金属；自采矿石。

四、实验步骤

（一）铜、锰、镍、铬、锌标准溶液的制备

1. 铜标准溶液的制备

（1）铜储备液 $500g \cdot mL^{-1}$：将 $0.5000g$ 高纯铜 [纯度不低于 99.9%（质量分数）] 溶于 30mL 硝酸（1+1），冷却，将溶液转移至 1000mL 容量瓶中，用水稀释至刻度，混匀。此溶液 1mL 含 500g 铜。

（2）铜标准溶液 $50.0g \cdot mL^{-1}$：分取 10.00mL 铜储备液（$500g \cdot mL^{-1}$）于 100mL 容量瓶中，加 3mL 硝酸（1+1），用水稀释至刻度，混匀。此溶液 1mL 含 50.0g 铜。

精密取 0mL、0.5mL、1mL、2mL、4mL、5mL 铜标准溶液（$50.0g \cdot mL^{-1}$）分别于

50mL 容量瓶中，加 1.5mL 硝酸（1+1），用水稀释至刻度，混匀。

2. 锌标准溶液的制备

(1) 锌储备液 500g·mL⁻¹：将 0.5000g 高纯锌［纯度不低于 99.9%（质量分数）］溶于 30mL 盐酸（1+1），冷却，将溶液转移至 1000mL 容量瓶中用水稀释至刻度，混匀。此溶液 1mL 含 500g 锌。

(2) 锌标准溶液 50.0g·mL⁻¹：分取 10.00mL 锌储备液（500g·mL⁻¹）于 100mL 容量瓶中，加 3mL 盐酸（1+1），用水稀释至刻度，混匀。此溶液 1mL 含 50.0g 锌。

精密取 0mL、0.5mL、1mL、2mL、4mL、5mL 锌标准溶液（50.0g·mL⁻¹）于 50mL 容量瓶中，加 1.5mL 盐酸（1+1），用水稀释至刻度，混匀。

3. 镍标准溶液的制备

(1) 镍储备液 500g·mL⁻¹：将 0.5000g 高纯镍［纯度不低于 99.9%（质量分数）］溶于 30mL 硝酸（1+1），冷却后，移入 1000mL 容量瓶用水稀释至刻度，混匀。此溶液 1mL 含 500g 镍。

(2) 镍标准溶液 50.0g·mL⁻¹：分取 10mL 镍储备液（500g·mL⁻¹）于 100mL 容量瓶中，加 3mL 硝酸（1+1），用水稀释至刻度，混匀。此溶液 1mL 含 50.0g 镍。

精密取 0mL、0.5mL、1mL、2mL、4mL、5mL 镍标准溶液（50.0g·mL⁻¹）于 50mL 容量瓶中，加 1.5mL 硝酸（1+1），用水稀释至刻度，混匀。

4. 铬标准溶液的制备

(1) 铬储备液 500g·mL⁻¹：将 0.5000g 高纯铬［纯度不低于 99.9%（质量分数）］溶于 30mL 盐酸（1+1），冷却后，移入 1000mL 容量瓶以水稀释至刻度，混匀。此溶液 1mL 含 500g 铬。

(2) 铬标准溶液 50.0g·mL⁻¹：分取 10mL 铬储备液（500g·mL⁻¹）于 100mL 容量瓶中，加 3mL 盐酸（1+1），用水稀释至刻度，混匀。此溶液 1mL 含 50.0g 铬。

精密取 0mL、0.5mL、1mL、2mL、4mL、5mL 铬标准溶液（50.0g·mL⁻¹）于 50mL 容量瓶中，加 1.5mL 盐酸（1+1），用水稀释至刻度，混匀。

5. 锰标准溶液的制备

(1) 锰储备液 500g·mL⁻¹：将 0.5000g 高纯铬［纯度不低于 99.9%（质量分数）］溶于 30mL 盐酸（1+1），冷却后，移入 1000mL 容量瓶以水稀释至刻度，混匀。此溶液 1mL 含 500g 锰。

(2) 锰标准溶液 50.0g·mL⁻¹：分取 10mL 锰储备液（500g·mL⁻¹）于 100mL 容量瓶中，加 3mL 盐酸（1+1），用水稀释至刻度，混匀。此溶液 1mL 含 50.0g 锰。

精密取 0mL、0.5mL、1mL、2mL、4mL、5mL 锰标准溶液（50.0g·mL⁻¹）于 50mL 容量瓶中，加 1.5mL 盐酸（1+1），用水稀释至刻度，混匀。

(二) 矿样处理

试样放入 105℃烘干 4h，干燥半小时后研细，待用。准备称取 0.5g 样品于 50mL 烧杯中，加入 3mL 盐酸（1+1），室温放置 0.5h，超声处理 10min，冷却至室温，然后移入 50mL 容量瓶，用纯水稀释至刻度，摇匀后静置，过滤，取续滤液分析。

(三) 样品测定

分别在各金属离子的给定条件下测定标准系列及样品的吸光度，确定矿石中各金属的含量。

五、数据处理

用计算机按一元线性回归计算程序，绘制各金属的 A-c 标准曲线，由样品中各金属的吸光度，求算矿石中各金属的含量。

六、思考题

1. 查找矿石分析有关资料，金属含量多大时有开采利用价值？

实验 2-12 火焰原子吸收光谱法测定黄酒中的锰（标准加入法）

一、实验目的

掌握原子吸收光谱分析中标准加入法进行定量分析的方法，以克服基体效应对测定结果的影响。

二、实验原理

锰元素在 279.5nm 波长下有特征谱线，锰元素的基态原子蒸气对辐射光源的特征谱线有强烈的吸收，吸收的程度与试液中锰元素的浓度成正比。

黄酒中的基体比较复杂，有较严重的基体干扰，所以应采用标准加入法进行测定，以克服基体效应对测定结果的影响，提高测定结果的准确度。

三、仪器与试剂

1. 仪器

Hp-3510 原子吸收分光光度计、锰空心阴极灯、空气压缩机、乙炔钢瓶。

2. 试剂

锰标准溶液，$10.00\mu g \cdot mL^{-1}$。

四、实验步骤

1. 待测试样溶液的配制

分别移取酒样 2.50mL 5 份，分别置于 1 号、2 号、3 号、4 号、5 号 5 个 25mL 的容量瓶中，分别加入浓度为 $10.00\mu g \cdot mL^{-1}$ 的锰标准溶液 0.00mL、1.25mL、2.50mL、3.75mL、5.00mL，用去离子水稀释至刻度，摇匀。

2. 开机及建立仪器工作条件

(1) 打开主机电源，等待仪器完成启动程序。

(2) 将狭缝选择旋钮置于 "2" 的挡位上（即设置光谱带宽为 0.7nm）。

(3) 按下【5】和灯【2】键（即设置锰灯电流为 5mA）。

(4) 按下【2】【0】【0】和【增益】键（即设置光电倍增管的高压为 200V）。

(5) 按下【2】【7】【9】【.】【5】和【波长】键（等待波长转换至 279.5nm，若此时能量显示为 "EE"，则按下【增益】，直到能量显示在 76～89）。

(6) 按下【波长】键进行波长细调（仪器在±0.5nm 范围内自动找峰），若能量显示为 "EE"，则按下【增益】，直到能量显示在 76～89。

(7) 旋转锰元素灯，使能量显示为最大值，若此时能量显示超过 "89" 或能量显示为 "EE"，则按下【增益】，直到能量显示在 76～89。

3. 点火

(1) 打开空气压缩机，使输出压力为 0.25MPa。

(2) 打开乙炔钢瓶，使输出压力为 0.08MPa 左右。

(3) 调节空气针形阀使空气流量为 $6.0L \cdot min^{-1}$。

(4) 按下【检查】键，调节乙炔针形阀使乙炔流量为 $1.25L \cdot min^{-1}$ 左右。

(5) 按下【点火】键点燃火焰。吸喷去离子水，让仪器预热数分钟。

4. 吸光度的测量

(1) 按下【3】和【时间】键，使积分时间为 3s。

(2) 按下【连续/保持】键，使保持灯亮。(若要打印则按下【打印】键，使打印灯亮。)

(3) 吸喷空白溶液，按下【增益】键自动调零，使吸光度值为 0.000。

(4) 依次吸喷待测试样溶液，测定其吸光度，记录下测定数据。

5. 关机

(1) 关闭乙炔钢瓶，待火焰熄灭后，按下【检查】键放掉管道内的残留乙炔气体。

(2) 关闭空气压缩机。

(3) 关闭主机电源。

五、数据处理

以加入的锰标准溶液在各待测试样溶液中的锰标液浓度（本实验中分别为 $0.50\mu g \cdot mL^{-1}$、$1.00\mu g \cdot mL^{-1}$、$1.50\mu g \cdot mL^{-1}$、$2.00\mu g \cdot mL^{-1}$）为横坐标，以相应的吸光度值为纵坐标绘制标准加入法工作曲线，将直线延长至交于横坐标，则交点至坐标原点的距离即为待测试样溶液中的酒中的锰浓度，再乘以稀释倍数即为原酒样中的锰含量。

六、思考题

1. 标准加入法定量分析有什么优点？在哪些情况下宜采用标准加入法？

2. 标准加入法为什么能克服基体效应及某些干扰对测定结果的影响？

实验 2-13 原子荧光光谱法测定饲料中的砷

一、实验目的

1. 掌握原子荧光光谱法的基本原理与方法。

2. 初步掌握原子荧光光谱法的实验技术。

二、实验原理

原子荧光仪作为我国具有自主知识产权的设备，在国内许多领域具有很广泛的应用，尤其是对许多有毒有害元素具有很高的灵敏度。在一定的酸度下，用强还原剂硼氢化钠将被测元素还原成极易挥发与分解的氢化物，经载气送入原子化器进行原子化，气态的基态原子受到强特征辐射时其外层电子受激由基态跃迁到激发态，约在 $10^{-8}s$ 由激发态跃迁回到基态，辐射出与吸收光波长相同或不同的荧光。

当实验条件一定时：

$$I_f = \alpha c$$

式中　I_f——原子荧光强度；

　　　α——常数，$mL \cdot \mu g^{-1}$；

　　　c——溶液浓度，$\mu g \cdot mL^{-1}$。

三、仪器与试剂

1. 仪器

AFS-8220 双道原子荧光光度计、高强度砷空心阴极灯。

2. 试剂

$100\mu g \cdot mL^{-1}$ 砷标准溶液、硫酸、硝酸、高氯酸、硫脲、抗坏血酸。

四、实验步骤

1. 砷标准系列溶液的配制

分别移取 $50\mu g \cdot L^{-1}$ As（Ⅲ）标准液 0.00mL、1.00mL、2.00mL、3.00mL、4.00mL、5.00mL 置于 6 个 25mL 容量瓶中，加入 5％硫脲与 5％抗坏血酸混合液 5.0mL，加入硫酸（1＋1）1.00mL，用去离子水定容至刻度线，摇匀。此标准系列溶液的砷浓度分别为 $0.00\mu g \cdot L^{-1}$、$2.00\mu g \cdot L^{-1}$、$4.00\mu g \cdot L^{-1}$、$6.00\mu g \cdot L^{-1}$、$8.00\mu g \cdot L^{-1}$、$10.00\mu g \cdot L^{-1}$。30min 后测定。

2. 待测饲料样品的处理

按照 GB/T 13079—2006 中的消解方法处理仔猪饲料样品。即准确称取仔猪饲料样品 2.500g 两份，分别置于 250mL 凯氏定氮瓶中，加少量水湿润试样，加入硝酸 20mL、硫酸 2mL、高氯酸 3mL，置电热板上从室温开始消解，待样液煮沸后关闭电热板 10～15min，继续加热消解，直至冒白烟数分钟，取下冷却后将消解液转入 50mL 容量瓶中定容。移取仔猪饲料样品消解液 10.00mL 置于 25mL 容量瓶中，加入 5％硫脲与 5％抗坏血酸混合液 5.00mL，用纯水定容至刻度，摇匀。30min 后测定。

3. 开机及建立仪器工作条件

（1）打开主机电源。

（2）打开氩气钢瓶高压阀，并调节减压阀压力在 0.30～0.40MPa 范围。

（3）开启计算机，双击“AFS-8220”操作软件，进入操作软件主界面：返回→元素表→关闭 B 通道（选择手工设置及 None）→确定→仪器条件设置（灯电流 60mA、负高压 270V、载气流量 $300mL \cdot min^{-1}$、屏蔽气流量 $800mL \cdot min^{-1}$、测量方式 Std. Curve、读数时间 10s）→确定→标准系列（输入各标准溶液的浓度）→确定→样品参数→添加样品个数（输入个数、名称和对应的样品空白）→确定→返回→测量窗口→点火→预热→准备仪器（夹蠕动泵、加水封、加载流与还原剂）→选中测量区域测量（依次测定标准溶液和样品）。

4. 关机

（1）关闭主机电源，关闭氩气钢瓶。

（2）关闭计算机。

五、数据处理

以 As 标准系列溶液的浓度为横坐标，以相应的荧光强度值为纵坐标绘制标准曲线，根据待测仔猪饲料样品的荧光强度在标准曲线上求出待测仔猪饲料样品中的 As 浓度。然后计算出原仔猪饲料样品中的 As 含量（$\mu g \cdot g^{-1}$）。

1. 在配制标准系列溶液和待测仔猪饲料样品时，加入5％硫脲与5％抗坏血酸混合液的作用是什么？

2. 氢化物原子荧光光谱法有何优点？

实验 2-14　ICP-AES法测定白酒中铅和锰的含量

一、实验目的

1. 进一步了解ICP-AES的基本原理、仪器主要结构。

2. 学习仪器基本操作和测试条件的设置方法。

3. 掌握白酒中铅和锰含量同时测定及数据处理方法。

二、实验原理

电感耦合等离子发射光谱仪（inductively coupled plasma，ICP）可以同时测定样品中多种元素的含量。当氩气通过等离子体火炬管时，被射频发生器所产生的高频交变电磁场所电离、加速，并与其他氩原子相碰撞而发生连锁反应，使更多的氩原子发生电离形成原子、离子和电子的粒子混合体——等离子体。利用氩等离子体产生的高温使试样中的待测原子完全分解形成激发态的原子和离子，由于激发态的原子和离子不稳定，外层电子会从激发态向低的能级跃迁，因此发射出特征的谱线。通过光栅等分光后，利用检测器检测特定波长的强度。

不同元素的原子在激发或电离时可发射出具有特征波长的特征光谱。每种元素的原子发出特征光谱的强度与样品中原子的浓度有关，通过与已知元素和浓度的标准溶液进行比较，即可定性定量测定被测样品中所含有的元素和元素的含量。元素原子的发射强度 I 与该元素原子的含量 c 之间的关系可以用下式表示：

$$I = ac^b$$

当实验条件一定时，各次测量中的 a 为常数，并且，当被测元素的含量较低时，b 值接近于1，所以上式可以写成：

$$I = ac$$

通过与标准样品进行对照测定 a 值，并通过测定样品中特征波长的发射强度 I，利用 $I = ac$ 公式，求得样品中该元素原子的浓度，从而实现定量分析。

三、仪器与试剂

1. 仪器

美国PE公司Optima 2100 DV等离子体原子发射光谱仪；聚乙烯试剂瓶（500mL）；烧杯（500mL）；容量瓶（10mL、25mL、100mL）；吸量管（0.5mL、0.1mL）。

2. 试剂

100.00mg·L⁻¹的多元素混合标准溶液；硝酸（G.R.）；过氧化氢。

四、实验步骤

1. 铅、锰混合标准系列溶液的配制

取5个25mL的容量瓶，依次分别加入100.00mg·L⁻¹的铅、锰的混合标准溶液0.00mL、

0.25mL、0.75mL、1.25mL、2.50mL，用2%硝酸定容至刻度，摇匀，即得到铅、锰含量都为 $0.00mg \cdot L^{-1}$、$1.00mg \cdot L^{-1}$、$3.00mg \cdot L^{-1}$、$5.00mg \cdot L^{-1}$、$10.00mg \cdot L^{-1}$ 的混合标准系列溶液。

2. 待测样品前处理

准确移取 5.00～10.00mL 试样于微波消解罐内，将消解罐置于电热板上，100℃加热至消解罐内试样近干，待消解罐冷却后，依次加入 7mL 硝酸、1mL 过氧化氢。按下述升温程序进行消解：0～6min 由室温升至 120℃，6～9min 保持 3min；9～17min 由 120℃升至 170℃，保持 20min。消解后，将消解罐置于电热板上，120～130℃赶酸 1h，待试样自然冷却至室温，转入 10mL 容量瓶内，用水洗涤消解罐 3 次，洗涤液合并于容量瓶中并定容至刻度，摇匀待测。

微波消解条件，可根据不同仪器特点，对操作参数做适当调整。

空白试验：除不加试样外，其他均按试样处理和测定步骤进行。

3. 开机及建立仪器分析条件

(1) 打开空气压缩机、循环水泵、氩气钢瓶总阀，并调节解压阀压力在 0.55～0.85MPa 范围，打开排风机，打开主机电源。

(2) 打开电脑，打开 ICP 专业工作软件，并等候仪器自检初始化成功完成。

(3) 分析方法的建立：文件→新建方法→确定→元素周期表→选择元素→选择波长→校准→设定校准的标准溶液浓度和单位→等离子体控制→检查进样泵→设置气体（等离子体吹扫气 $15.00L \cdot min^{-1}$、辅助气 $0.20L \cdot min^{-1}$、雾化气 $0.80L \cdot min^{-1}$）。

(4) 点火并预热 15min（同时用 2%硝酸冲洗）。

4. 测定

(1) 空白测试：将进样管插入空白样品管中，单击"分析空白"。

(2) 标准样品的分析和标准曲线的建立：将进样管依次插入不同编号的标准系列样品的样品管中，单击"分析标样"。仪器将依次读取相应编号标准样品系列中各元素的发射强度和浓度，并自动建立标准工作曲线。

(3) 待测试样的测试：将进样管依次插入不同编号的待测试样的样品管中，单击"分析试样"。仪器将依次读取试样中不同元素的发射强度，并和标准曲线进行对照计算，给出试样中各种元素的浓度。

5. 关机

(1) 分析测试结束后，先用 2%硝酸冲洗 5min，再用去离子水冲洗 5min，然后单击等离子体关闭，关闭循环水机电源。

(2) 将进样管从去离子水中取出，直到废液管中无废液流出，关闭泵，再松开泵夹，将乳胶管从泵上松开。关闭氩气阀门，关闭空压机，关闭操作软件，关闭主机电源，关闭排风机，关闭计算机。

五、数据处理

以相应元素标准系列溶液的浓度为横坐标，相应元素的发射强度为纵坐标（科学计数法），绘制标准曲线，求出待测样品中相应元素的含量，然后根据样品预处理的过程，计算出白酒中相应元素的含量。

1. ICP-AES 分析中主要有哪些干扰？
2. 查阅白酒中铅和锰的国家标准。本次测定样品符合国标吗？

实验 2-15　ICP-AES 法同时测定蜂蜜中金属元素的含量

一、实验目的

1. 掌握蜂蜜样品前处理的方法。
2. 进一步学习仪器基本操作和测试条件的设置方法。

二、实验原理

试样以硝酸-过氧化氢在微波消化罐内消化分解，稀释至确定的体积后，将试样溶液喷入等离子体，并以此做光源，在等离子体光谱仪相应元素波长处，测量其光谱强度，并采用标准曲线法计算元素的含量。

三、仪器与试剂

1. 仪器

美国 PE 公司 Optima 2100 DV 等离子体原子发射光谱仪；烧杯 (500mL)；容量瓶 (10mL、25mL)；吸量管 (0.5mL、0.1mL)。

2. 试剂

$100.00mg \cdot L^{-1}$ 的多元素混合标准溶液；硝酸 (G.R.)；过氧化氢。

四、实验步骤

1. 各金属元素的混合标准系列的配制

取 1 个 25mL 的容量瓶，加入 $100.00mg \cdot L^{-1}$ 的多元素混合标准溶液 2.5mL，用 2% 硝酸定容至刻度，摇匀，移入聚乙烯瓶中，即配制成 $10mg \cdot L^{-1}$ 的混合标准溶液。取 5 个 25mL 的容量瓶，分别依次加入 $10.00mg \cdot L^{-1}$ 的多元素混合标准溶液 0.00mL、0.125mL、0.25mL、0.50mL、1.25mL，用 2% 硝酸定容至刻度，摇匀。即得到锰、铜、钡、镍、钴、铬等含量都为 $0.00mg \cdot L^{-1}$、$0.05mg \cdot L^{-1}$、$0.10mg \cdot L^{-1}$、$0.20mg \cdot L^{-1}$、$0.50mg \cdot L^{-1}$ 的混合标准系列溶液。

2. 待测样品前处理

(1) 试样的制备：对于无结晶的实验室样品，将其搅拌均匀。对有结晶的样品，在密闭情况下，置于不超过 60℃ 的水浴中温热，振荡，待样品全部融化后搅匀，迅速冷却至室温。分出 0.5kg 作为试样。制备好的试样置于样品瓶中，密封，并标明标记，于室温下保存。

(2) 试样溶液的制备：准确称取 0.3g 蜂蜜样品，精确至 0.1mg。置于消解罐内，加入 3mL 浓硝酸、3mL 过氧化氢，摇动消解罐混匀，放置过夜。将消解罐装入微波消解仪中，设置消化程序为 160℃，10atm，4min；190℃，22atm，4min。消解后，将消解罐置于电热板上，120~130℃ 赶酸 1h，待试样自然冷却至室温，转入 10mL 容量瓶内，用水洗涤消解罐 3 次，洗涤液合并于容量瓶中并定容至刻度，摇匀待测。

平行试样：按以上步骤，对同一试样进行平行试验测定。

空白试样：除不称取样品外，均按上述步骤进行。

3. 开机及建立仪器分析条件

(1) 打开空气压缩机、循环水泵、氩气钢瓶总阀并调节解压阀压力在 $0.55\sim0.85$ MPa 范围，打开排风机，打开主机电源。

(2) 打开电脑，打开 ICP 专业工作软件，并等候仪器自检初始化成功完成。

(3) 分析方法的建立：文件→新建方法→确定→元素周期表→选择元素→选择波长→校准→设定校准的标准溶液浓度和单位→等离子体控制→检查进样泵→设置气体（等离子体吹扫气 $15.00L \cdot min^{-1}$、辅助气 $0.20L \cdot min^{-1}$、雾化气 $0.80L \cdot min^{-1}$）。

(4) 点火并预热 15min（同时用 2% 硝酸冲洗）。

4. 测定

(1) 空白测试：将进样管插入空白样品管中，单击"分析空白"。

(2) 标准样品的分析和标准曲线的建立：将进样管依次插入不同编号的标准系列样品的样品管中，单击"分析标样"。仪器将依次读取相应编号标准样品系列中各元素的发射强度和浓度，并自动建立标准工作曲线。

(3) 待测试样的测试：将进样管依次插入不同编号的待测试样的样品管中，单击"分析试样"。仪器将依次读取试样中不同元素的发射强度，并和标准曲线进行对照计算，给出试样中各种元素的浓度。

5. 关机

(1) 分析测试结束后，先用 2% 硝酸冲洗 5min，再用去离子水冲洗 5min，然后单击等离子体关闭，关闭循环水机电源。

(2) 将进样管从去离子水中取出，直到废液管中无废液流出，关闭泵，再松开泵夹，将乳胶管从泵上松开。关闭氩气阀门，关闭空压机，关闭操作软件，关闭主机电源，关闭排风机，关闭计算机。

五、数据处理

以相应元素标准系列溶液的浓度为横坐标，相应元素的发射强度为纵坐标（科学计数法），绘制标准曲线，求出待测样品中相应元素的含量，然后根据样品预处理的过程，计算出蜂蜜中相应元素的含量。

$$X = \frac{(c_1 - c_0) \times V \times 1000}{M \times 1000}$$

式中，X 为被测元素含量，$mg \cdot kg^{-1}$；c_1 为被测样品中该元素的含量，$\mu g \cdot mL^{-1}$；c_0 为空白液中该元素的含量，$\mu g \cdot mL^{-1}$；V 为被测试液总体积，mL；M 为试样质量，g。

六、思考题

1. 用 ICP 同时测定多种元素时，需要注意哪些事项？

2. 查阅蜂蜜中金属元素含量的国家标准。

实验 2-16 微波消解ICP-AES 法检测药用空心胶囊中铬元素的含量

一、实验目的

1. 掌握药用空心胶囊中铬元素的测定方法。

2. 掌握一般样品的微波消解前处理方法。

二、实验原理

微波是一种电磁波，其频率为 $300 \sim 300000 MHz$，位于电磁波谱的红外光谱和无线电波之间。在微波加热的过程中，微波能转化为热能的机理有 2 种，即偶极子转动机理和离子传导机理。

偶极子转动机理是由微波辐射引起物体内部的分子相互摩擦而产生热能。微波波段电磁场频率高达 10^8 数量级，在微波辐射下，电场交替变化中的介质偶极子极化取向以一定频率转变，造成分子间相互摩擦、碰撞而产生热能，使体系在短时间内达到很高的温度。偶极子转动产生的加热效率取决于介质的弛豫时间、温度和黏度。

离子传导机理是指可离解离子在电场中产生导电移动，由于介质对离子的阻碍而产生热效应。离子传导产生的加热效应取决于离子的大小、浓度、电荷量和导电性。

微波加热通常在全封闭状态下进行，微波功率以光速渗入物体内部，及时转变为热能，避免了长时间加热过程中的热散失，并且可对物体内外部进行整体加热，因此，与传统加热方式相比，微波加热具有效率高、速度快、能耗低等特点。微波消解仪可用于食品、生物类、环保、石化类、金属和非金属类物质的消解。

用胶囊封装药物，既能保护药物药性的完好，又可保护消化器官和呼吸道。药用胶囊以食用明胶为原料制成。2010 版《中国药典》规定，明胶空心胶囊中的铬含量应低于 $2\mu g \cdot g^{-1}$。

三、仪器与试剂

1. 仪器

美国 PE 公司 Optima 2100 DV 等离子体原子发射光谱仪；烧杯（500mL）；容量瓶（25mL、50mL、1000mL）；吸量管（0.5mL、0.1mL）。

2. 试剂

重铬酸钾；硝酸（G.R.）；过氧化氢。

四、实验步骤

1. 铬标准系列溶液的配制

称取 0.283g 重铬酸钾（$K_2Cr_2O_7$）溶于水，移入 1000mL 容量瓶中，稀释至刻度，配成 $100\mu g \cdot mL^{-1}$ 的铬标准储备溶液。取 5 个 25mL 的容量瓶，分别依次加入铬标准溶液 0.0mL、0.5mL、1.0mL、1.5mL、2.0mL，用 2%硝酸定容至刻度，摇匀。即得到铬含量为 $0.0\mu g \cdot L^{-1}$、$2.0\mu g \cdot L^{-1}$、$4.0\mu g \cdot L^{-1}$、$6.0\mu g \cdot L^{-1}$、$8.0\mu g \cdot L^{-1}$ 的标准系列溶液。

2. 待测样品前处理

准确称取用剪刀剪碎的胶囊样品 0.1g（精确至 0.0001g），置于聚四氟乙烯消解罐中，加入 5mL 浓硝酸和 1mL 过氧化氢，浸泡过夜。将消解罐放入微波消解仪中，设置消解程序：160℃，10atm，2min；180℃，20atm，4min；220℃，22atm，4min。消解结束后，将消解液置于电热板上加热至棕红色雾散尽，转移到 25mL 容量瓶中，用 2%硝酸溶液稀释至刻度。

平行试样：按以上步骤，对同一试样进行平行试验测定。

空白试样：除不称取样品外，均按上述步骤进行。

3. 开机及建立仪器分析条件

(1) 打开空气压缩机、循环水泵、氩气钢瓶总阀并调节解压阀压力在 $0.55\sim0.85$MPa 范围，打开排风机，打开主机电源。

(2) 打开电脑，打开 ICP 专业工作软件，并等候仪器自检初始化成功完成。

(3) 分析方法的建立：文件→新建方法→确定→元素周期表→选择元素→选择波长→校准→设定校准的标准溶液浓度和单位→等离子体控制→检查进样泵→设置气体（等离子体吹扫气 15.00L · min^{-1}、辅助气 0.20L · min^{-1}、雾化气 0.80L · min^{-1}）。

(4) 点火并预热 15min（同时用 2% 硝酸冲洗）。

4. 测定

(1) 空白测试：将进样管插入空白样品管中，单击"分析空白"。

(2) 标准样品的分析和标准曲线的建立：将进样管依次插入不同编号的标准系列样品的样品管中，单击"分析标样"。仪器将依次读取相应编号标准样品系列中各元素的发射强度和浓度，并自动建立标准工作曲线。

(3) 待测试样的测试：将进样管依次插入不同编号的待测试样的样品管中，单击"分析试样"。仪器将依次读取试样中不同元素的发射强度，并和标准曲线进行对照计算，给出试样中各种元素的浓度。

5. 关机

(1) 分析测试结束后，先用 2% 硝酸冲洗 5min，再用去离子水冲洗 5min，然后单击等离子体关闭，关闭循环水机电源。

(2) 将进样管从去离子水中取出，直到废液管中无废液流出，关闭泵，再松开泵夹，将乳胶管从泵上松开。关闭氩气阀门，关闭空压机，关闭操作软件，关闭主机电源，关闭排风机，关闭计算机。

五、数据处理

以相应元素标准系列溶液的浓度为横坐标，相应元素的发射强度为纵坐标（科学计数法），绘制标准曲线，求出待测样品中相应元素的含量，然后根据样品预处理的过程，按下式计算出胶囊中铬元素的含量。

$$X = (c_1 - c_0)V/m$$

式中，X 为明胶空心胶囊中铬元素含量，mg · kg^{-1}；c_1 为测定样品中铬元素的含量，g · L^{-1}；c_0 为空白液中铬元素的含量，g · L^{-1}；V 为试样总体积，μL；m 为试样质量，g。

六、思考题

1. 微波消解后的试样，可否不经进一步处理直接进样？

2. 请简述将废旧皮革回收为工业明胶的过程。

实验 2-17 固体样品的红外光谱分析

一、实验目的

1. 学会固体样品（苯甲酸）KBr 压片技术。

2. 初步掌握测绘固体样品红外光谱的常用技术。

3. 训练对红外吸收光谱的解析。

二、实验原理

苯甲酸由于氢键的作用，以二聚体的形式存在，用固体压片法得到的红外光谱中显示的是苯甲酸二分子缔合体的特征，在 $2400 \sim 3000 cm^{-1}$ 处是 O—H 伸展振动峰，峰宽且散，苯甲酸缔合体的 C ═O 伸缩振动吸收由于受氢键和芳环共轭两方面的影响移到 $1700 \sim 1800 cm^{-1}$，苯环上的 C ═C 伸展振动吸收出现在 $1480 \sim 1500 cm^{-1}$ 和 $1590 \sim 1610 cm^{-1}$，这两个峰是鉴别有无芳核存在的标志之一，一般后者峰较弱，前者峰较强。

将固体样品与 KBr 混合研细，并压成透明片状，然后放到红外光谱仪上进行分析，这种方法就是压片法。

三、仪器与试剂

1. 仪器

Bruker Tensor 27 型红外分光光度计；压片机，一台；模具，一套；玛瑙研钵。

2. 试剂

KBr (S. P.)，苯甲酸。

四、实验步骤

1. 固体样品的制备

将 KBr 粉末在研钵中研细后，在红外灯下烘 $1 \sim 2h$ 以除去水分，然后转移到磨口瓶中，置于干燥器中备用。

称取 10mg 苯甲酸置于研钵中，加入为样品量 $100 \sim 200$ 倍的 KBr 粉末，一起研磨，直至两者完全混合均匀。

以脱脂棉用三氯甲烷将模具擦拭干净，置于红外灯下干燥一至两小时。将一光面压舌向上放入模芯中，套上套环，用样品勺将适量样品小心加入模具中，堆积均匀，另取一光面压舌向下放入模芯中，稍加力使样品铺平，盖上罩子。

把装好的模具放在油压机上，关闭气压阀，手动加压直至压力表指示约为 20MPa 时，停止加压，保持 5min 后放气泄压。将模具取出后倒置，放上透明塑料环，稍加压顶出试样。压好的试样应该呈均匀半透明的薄片状。

用镊子将试样片放在固体样品架上，然后放入样品室的池座内，测定红外光谱图。

2. 样品检测

(1) 打开光谱仪开关，运行电脑中红外光谱仪的操作软件，设置实验参数。预热 20min。

(2) 未插入样品片，以空气或纯 KBr 压片为背景，采集背景。

(3) 将预先制备好的样品圆片装入样品架中，采集样品的红外光谱。

(4) 两次采集完成后，计算机将对样品的光谱自动进行背景扣除，得到纯粹的样品光谱。

五、数据处理

1. 标出主要吸收峰的波数值，存储数据，打印图谱。

2. 判别并标出官能团的归属。

3. 归纳不同化合物中相同基团出现的频率范围。

六、思考题

1. 溴化钾压片制样应注意的事项？
2. 哪些样品不适宜采用溴化钾压片制样？

实验 2-18   常用保鲜膜成分的红外光谱分析

一、实验目的

1. 进一步掌握膜状样品的红外制样技术和仪器操作方法。
2. 学习比较不同样品制备方法并了解其优缺点。
3. 了解高分子化合物的红外光谱图特点。

二、实验原理

日常使用的保鲜膜一般都为无色透明状的高分子材料，主要有 PET（聚酯）、PE（聚乙烯）、PVC（聚氯乙烯）和 PVDC（聚偏氯乙烯）等。其中 PVC（聚氯乙烯）制作过程中，会加入大量增塑剂，在加热状态下或与油脂食品接触使用时，PVC 保鲜膜含有的增塑剂容易析出，随着食物带入人体，对人体造成一定危害，甚至致癌。PE 和 PVDC 这两种材料的保鲜膜对人体是安全的，可以放心使用。因为 PVDC 价格相对昂贵，市场上的保鲜膜以 PE 为主。与 PE 和 PVDC 相比，PVC 价廉易得，因此，有不良商家以 PVC 来冒充 PE 和 PVDC 出售。本实验根据不同化合物结构的不同，在红外光谱中的官能团不同来鉴定市售的保鲜膜。保鲜膜具有无色、透明等特点，可直接裁剪进行测定。

三、仪器与试剂

1. 仪器

Bruker Tensor 27 型红外分光光度计，仪器自带样品支架一套。

2. 样品

市售多种保鲜膜。

四、实验步骤

1. 样品的制备

取市售保鲜膜，用剪刀裁减长宽约 5cm 正方形形状，用镊子将试样片放在固体样品架上，然后放入样品室的池座内，测定红外光谱图。

2. 样品检测

(1) 打开光谱仪开关，运行电脑中红外光谱仪的操作软件，设置实验参数。预热 20min。

(2) 未插入样品架，以空气为背景，采集背景。

(3) 将预先制备好的样品架放入样品室的池座内，采集样品的红外光谱。

(4) 两次采集完成后，计算机将对样品的光谱自动进行背景扣除，得到纯粹的样品光谱。

五、数据处理

1. 标出主要吸收峰的波数值，存储数据，打印图谱。
2. 判别并标出官能团的归属。

3. 归纳不同化合物中相同基团出现的频率范围。

4. 单击进入红外图谱库，搜索红外图谱，判明保鲜膜成分。

六、思考题

1. 化合物的红外吸收光谱能提供哪些信息？

2. 单靠红外吸收光谱，能否判断未知物是何种物质，为什么？

实验 2-19 液体样品的红外光谱分析

一、实验目的

1. 进一步掌握液体样品的红外制样技术和仪器操作方法。

2. 学习比较不同样品的制备方法并了解其优缺点。

3. 学习红外光谱的解析，掌握红外吸收光谱分析的基本方法。

二、实验原理

液体样品一般是放在液体吸收池中，使其形成一定厚度的液膜，然后进行测定。对于一些吸收很强的液体，往往采用将其制成溶液以降低其浓度来获得良好的测试效果。使用溶液法时，要特别仔细地选择所使用的红外溶剂。对红外溶剂的一般要求是：对测试样品的溶解度大，在使用范围内无吸收；具有一定的化学惰性，不与被测样品起反应；不腐蚀盐窗。

三、仪器与试剂

1. 仪器

傅里叶变换红外光谱仪；窗片池；红外灯；镊子。

2. 试剂

甲苯（A.R.）；三氯甲烷（A.R.）；脱脂棉。

四、实验步骤

1. 仪器准备

打开主机、工作站和打印机的开关，预热十分钟。打开红外光谱仪操作软件。

2. 制样

先用脱脂棉蘸着溶剂（三氯甲烷）擦拭干净液体窗片，自然晾干或放于红外灯烘干备用。在一片擦洗干净的窗片上滴一小滴甲苯，然后再压上另一片窗片，将其夹在样品支架上。这样制得的样品厚度称为"毛细厚度"。两个窗片之间不能有气泡，否则会产生干涉条纹。将两窗片放入样品支架上。

3. 样品检测

(1) 打开光谱仪开关，运行电脑中红外光谱仪的操作软件，设置实验参数。预热 20min。

(2) 未插入样品架，以空气为背景，采集背景。

(3) 将预先制备好的样品架放入样品室的池座内，采集样品的红外光谱。

(4) 两次采集完成后，计算机将对样品的光谱自动进行背景扣除，得到纯粹的样品光谱。

五、数据处理

1. 标出主要吸收峰的波数值，存储数据，打印图谱。

2. 判别并解析甲苯的红外光谱：芳烃 C—H 伸缩振动；倍频和组频峰；芳烃 C—H 面外弯曲振动。

六、注意事项

1. 窗片在实验时一定要清洗干净。

2. 清洗窗片所用的溶剂一般是四氯化碳、三氯甲烷等，有一定的毒性，操作应在通风橱内进行。

3. 操作仪器时，应严格按照操作规程进行。

七、思考题

1. 红外吸收光谱是如何产生的？

2. 如何进行红外吸收光谱的图谱解析？

实验 2-20　旋光度、旋光色散（ORD）、圆振二向色性（CD）

一、实验目的

1. 观察光的偏振现象和偏振光通过旋光物质后的旋光现象。

2. 了解旋光仪的构造，掌握旋光仪的使用方法和旋光度的测定及其意义。

3. 学习用旋光仪测旋光性溶液的旋光度和浓度。

二、实验原理

1. 线偏振光通过某些物质后，偏振光的振动面将旋转一定的角度 φ，这种现象称为旋光现象。旋转的角度 φ 称为旋转角或旋光度，能够使线偏振光振动面发生旋转的物质，称为旋光物质，如石英、糖溶液、松节油及某些抗生素溶液等。面向光源，如果旋光物质使偏振光的振动面沿逆时针方向旋转，称为左旋物质，用（－）表示；若旋光物质使偏振光的振动面沿顺时针方向旋转，称为右旋物质，用（＋）表示。

2. 旋光仪构造

旋光度可用旋光仪来测定，其构造一般包括以下几个部分。

（1）单色光源：产生单色光，一般用钠光灯。

（2）起偏镜：产生偏振光。

（3）半波片：将偏振光束分成三分视场。

（4）样品管：盛放样品溶液。

（5）检偏镜。

（6）目镜。

（7）刻度盘。

3. 旋光仪的工作原理

光线从光源经过起偏镜，再经过盛有旋光性物质的旋光管时，物质的旋光性致使偏振光不能通过第二个棱镜，必须转动检偏镜，并带动标尺盘转动，由标尺盘读出转动的角度即为所测物质在此浓度时的旋光度，由下式可计算物质的比旋光度。旋光度的大小除决定于物质的本性外，还与测定时的条件有关。旋光度随溶液的浓度或液体的密度 d，测定时的温度 t，所用光的波长 λ，盛液管的长度 l 及溶剂的性质等因素而改变。为比较物质的旋光性，需以一定条件下的旋光度作为基准。通常规定 $1cm^3$ 含 $1g$ 旋光性物质的溶液放在 $1dm$ 长的盛液管中测得的旋光度叫做该物质的比旋光度，并用 $[\alpha]_\lambda^t$ 表示，对某一物质来说，比旋光度是一个定值，它与旋光度的关系如下：

纯液体的比旋光度 $\qquad\qquad [\alpha]_\lambda^t = \dfrac{\alpha}{ld}$

溶液的比旋光度 $\qquad\qquad [\alpha]_\lambda^t = \dfrac{\alpha}{lc}$

式中，α 为溶液的旋光度；l 为旋光管长度，dm；d 为液体的密度，$g \cdot cm^{-3}$；c 为溶液的浓度，$g \cdot 100mL^{-1}$。

三、仪器与试剂

1. 仪器

旋光仪；温度计。

2. 试剂

蒸馏水；10％葡萄糖；未知浓度的葡萄糖溶液。

四、实验步骤

1. 预热

开始测量前，须将电源开关推到"开"的位置，预热 5～10min，直至钠光灯已充分受热。

2. 旋光仪零点的校正

在测定样品前，必须先校正旋光仪零点。先将旋光管洗净，装上蒸馏水，使液面凸出管口，将玻璃盖沿管口边缘轻轻平推盖好，不能带入气泡。然后旋上螺丝帽盖，使之不漏水。但注意不可旋得过紧，以免玻璃盖产生扭力而影响读数正确性。将已装好蒸馏水的样品管擦干，放入旋光仪内，罩上盖子。将标尺盘调到零点左右，调节手轮使视场亮度达到一致，此时读数应为零。由于使用者对其感觉不一，此读数可能为某一数值（即为初读数），记下读数。重复操作至少 5 次，取其平均值即为零点。若零点相差太大，应重新校正。

3. 旋光度的测定

取已准确配制的 10％葡萄糖液，按上述方法装入已洗净的旋光管中（先用蒸馏水洗干净，再用所测溶液洗涤几次）。把旋光管放入旋光仪里，转动手轮，使三部分亮度不同的视场重新调至亮度一致为止，记下读数。这时所得的读数与零点（初读数）之间的差值，即为该溶液的旋光度。再记下旋光管的长度及溶液的浓度，然后按公式计算其比旋光度。

五、结果处理

取未知浓度的葡萄糖溶液，按同样的方法测定旋光度，然后利用之前求出的比旋光度计算其浓度。10％葡萄糖的旋光度为 α_1，由 $[\alpha]_\lambda^t = \dfrac{\alpha_1}{cl}$ 计算出葡萄糖的比旋光度 $[\alpha]_\lambda^t$；未知浓度葡萄糖的旋光度为 α_2，由上式得 $c = \dfrac{\alpha_2}{[\alpha]_\lambda^t l}$，从而计算出其浓度。

六、思考题

1. 根据测量结果，试问葡萄糖溶液是左旋还是右旋？
2. 测定旋光度时如光通路上有气泡，将会产生什么影响？

3. 如何用旋光原理测量溶液的浓度？

实验 2-21　核磁共振谱法（Ⅰ）：^{1}H-NMR

一、实验目的

1. 学习核磁共振波谱的基本原理及基本操作方法。
2. 学习^{1}H核磁共振谱的解析方法。
3. 了解电负性元素对邻近氢质子化学位移的影响。

二、实验原理

NMR 波谱图通常可以提供化学位移值、耦合常数和裂分峰形以及各峰面积的积分线的信息，化学位移值主要用于推测基团类型及所处化学环境。化学位移值与核外电子云密度有关，凡影响电子云密度的因素都将影响磁核的化学位移，其中包括邻近基团的电负性、非球形对称电子云产生的磁各向异性效应、氢键以及溶剂效应等，这种影响有一定规律可循，测试条件一定时，化学位移值确定并重复出现，前人也已总结出了多种经验公式，用于不同基团化学位移值的预测。

耦合常数和裂分峰形主要用于确定基团之间的连接方式。对于^{1}H-NMR，邻碳上的氢耦合，即相隔三个化学键的耦合最为重要，自旋裂分符合向心规则和 $n+1$ 规则。裂分峰的裂距表示磁核之间相互作用的程度，称作耦合常数 J，单位为 Hz，是一个重要的结构参数，可从谱图中直接测量，但应注意从谱图上测得的裂距是以化学位移值表示的数据，将其乘以标准物质的共振，即仪器的频率，才能得到以 Hz 为单位的耦合常数。积分曲线的高度代表相应峰的面积，反映了各种共振信号的相对强度，因此与相应基团中磁核数目成正比。通过对^{1}H-NMR 积分高度的计算，可以推测化合物中各种基团所含的氢原子数和总的氢原子数。用^{1}H-NMR 波谱图上的化学位移值（δ），可以区别烃类不同化学环境中的氢质子，如芳香环上的氢质子、与不饱和碳原子直接相连的氢质子等。

化学位移的产生是由于电子云的屏蔽作用，因此，凡能影响电子云密度的因素，均会影响化学位移值。如氢质子与电负性元素相邻接时，由于电负性元素对电子的诱导效应，使质子外电子云密度不同程度地减小，导致其化学位移值向低磁场强度方向移动，随着电负性元素的电负性增加，向低磁场强度方向移动的距离就越大。核磁共振波谱测定时，通常使用氘代溶剂将试样溶解后测试。常用的氘代试剂有氘代氯仿（$CDCl_3$）、氘代丙酮（CD_3COCD_3）、重水（即氘代水，D_2O）等。

本实验以阿魏酸为例，进行核磁共振^{1}H-NMR 谱的测定和解析。阿魏酸存在于阿魏、川芎、当归和升麻等多种中草药中，结构式为：

$$CH_3O \quad 1' \quad 6'$$
$$HO \underset{3'}{\overset{2'}{\bigcirc}} \underset{4'}{\overset{}{}} 5' - CH = CH - C(=O) - OH$$

将样品阿魏酸溶解于 DMSO-d_6 中，以 TMS 为内标测试其^{1}H-NMR 谱图，并进行解析。

三、仪器与试剂

1. 仪器

超导核磁共振波谱仪（图 2-2，图 2-3）；样品管（ϕ5mm）。

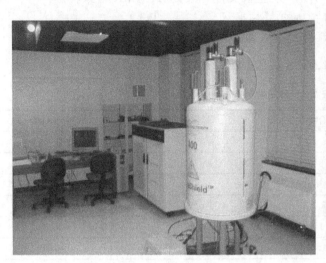

图 2-2　超导核磁共振波谱仪外形

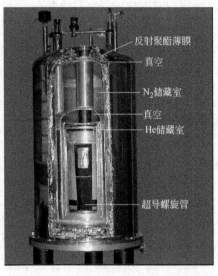

图 2-3　超导核磁共振波谱仪原理

反射聚酯薄膜
真空
N_2储藏室
真空
He储藏室
超导螺旋管

2. 试剂

氘代二甲基亚砜；阿魏酸（纯度＞99％）。

四、实验步骤

1. 试样的制备

将约 5mg 阿魏酸溶解在 0.5mL DMSO-d_6 溶剂中制成溶液，装于 5mm 样品管中待测定。

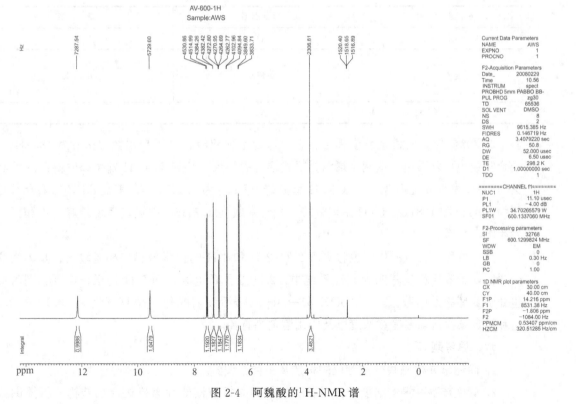

图 2-4　阿魏酸的[1]H-NMR 谱

2. 测试步骤

^{1}H-NMR 测试：放置样品→匀场→建立新文件→设定^{1}H-NMR 谱采样脉冲程序及参数→采样→设定谱图处理参数→处理谱图→绘图。

五、结果处理

阿魏酸的^{1}H-NMR 谱见图 2-4，其相关数据及归属列于表 2-3。

表 2-3　阿魏酸的^{1}H-NMR 数据

δ	峰形及耦合常数/Hz	质子数比	质子归属
12.13	s	1	1-COOH
6.35	d,18.9	1	2-H
7.48	d,18.9	1	3-H
6.78	d,8.1	1	3′-H
7.07	dd,8.1,1.8	1	4′-H
7.28	d,1.8	1	6′-H
3.81	s	3	—OCH$_3$
9.56	s	1	—OH

注：d 表示双峰，dd 表示双二重峰，s 表示单峰。

自旋系统和峰分裂：阿魏酸分子中存在三个独立的自旋系统，各部分之间可以认为不存在耦合作用，各部分的自旋系统类型及分裂情况见表 2-4。

表 2-4　阿魏酸的 NMR 自旋类型及分裂情况

基　团	自旋类型	峰　形
—CH＝CH—	AX	d
	AMX	d,d,dd
—OCH$_3$	A3	s

2 位烯氢与 3 位烯氢发生耦合，每个氢都呈现双峰，且耦合常数$^3J_{H-H}$为 18.9Hz，从耦合常数也可以看出，这两个烯氢为反式耦合的关系。3′-H 与 4′-H 发生邻位耦合，而 4′-H 又与 6′-H 发生间位耦合，所以 3′-H 呈 d 峰，$^3J_{H-H}$为 8.1Hz，4′-H 呈 dd 峰，耦合常数分别为 8.1Hz 和 1.8Hz，6′-H 呈现 d 峰，耦合常数为 1.8Hz。甲氧基呈现单峰，不和任何氢发生耦合关系。

化学位移：各氢的化学位移见表 2-3，2-H 和 3-H 的化学位移值相差较大，是因为这两个烯氢处于苯环和羰基的大共轭系统中，2-H 处于负电区，而 3-H 处于正电区，同时 3-H 也处于苯环的去屏蔽区。—COOH 和—OH 两个活泼氢的化学位移分别为 12.13 和 9.56，这和测定条件例如温度、浓度以及所用溶剂等有关。

六、思考题

1. 简述超导核磁共振波谱仪的构造及工作原理？

2. 产生核磁共振的必要条件是什么？核磁共振波谱能为有机化合物结构分析提供哪些

信息？

3. 什么叫化学位移？什么叫耦合常数，它们是如何产生的？

实验 2-22　核磁共振谱法（Ⅱ）：¹³C-NMR、二维NMR

一、实验目的

1. 进一步熟悉核磁共振谱仪的工作原理及基本操作。

2. 掌握¹³C-NMR 谱图的分析方法。

3. 初步了解二维谱图。

二、实验原理

目前常规的¹³C-NMR 谱采用全氢去偶脉冲序列而测定的全氢去耦谱，该谱图与氢耦合谱相比，检测灵敏度大大提高，一般情况下每个碳原子对应一个谱峰，谱图相对简化，便于解析。

质子的共振频率不仅决定于外加磁场和核磁矩，同时还要受到质子在化合物中所处的化学环的影响。¹³C-NMR 谱与¹H-NMR 谱相比，最大的优点是化学位移分布范围宽，一般有机化合物化学位移范围可达 0～200，相对不太复杂的不对称分子，常可检测到每个碳原子的吸收峰，从而得到丰富的碳骨架信息，对于含碳较多的有机化合物，具有很好的鉴定意义。

本实验仍以阿魏酸为例，进行核磁共振¹³C-NMR 谱的测定和解析。并介绍二维 NMR 的基本原理及在有机化合物结构鉴定中的应用。

$$\text{HO} \underset{3'}{\overset{CH_3O \atop 1'~6'}{\underset{4'}{\overset{2'}{\bigcirc}}}} \overset{5'}{} CH = CH - \overset{O}{\overset{\|}{C}} - OH$$

将样品阿魏酸溶解于 DMSO-d_6 中，以 TMS 为内标测试其¹³C-NMR 谱图，并进行解析。

三、仪器与试剂

1. 仪器

核磁共振波谱仪；样品管（ϕ5mm）。

2. 试剂

氘代二甲基亚砜；阿魏酸（纯度＞99％）。

四、实验步骤

1. 介绍超导核磁共振波谱仪的构造及工作原理。

2. 试样的制备

将约 5mg 阿魏酸溶解在 0.5mL DMSO-d_6 溶剂中制成溶液，装于样品管中待测定。

3. 测试步骤

¹³C-NMR 测试：放置样品→匀场→建立新文件→设定¹³C-NMR 谱采样脉冲程序及参数→采样→设定谱图处理参数→处理谱图→绘图。

五、结果处理

阿魏酸的¹³C-NMR 谱见图 2-5，其相关数据及归属列于表 2-5。

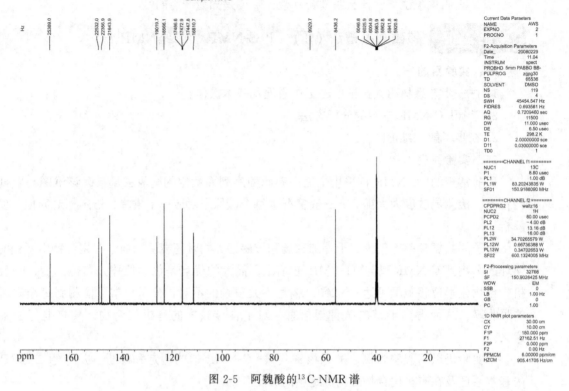

图 2-5   阿魏酸的 ^{13}C-NMR 谱

表 2-5   阿魏酸的 ^{13}C-NMR 数据

δ	C 归属	δ	C 归属
168.1	—COOH	122.9	6′-C
149.2	2′-C	115.8	2-C
148.1	1′-C	115.7	3′-C
144.6	3-C	111.3	6′-C
125.9	5′-C	55.8	—OCH₃

注：d 表示双峰，dd 表示双二重峰，s 表示单峰。

阿魏酸的碳信号可以分为以下三组。

第一组 δ 168.1 为 α,β-不饱和酸的基碳信号。在常见官能团中，由于羧基的碳原子共振位置在最低场，因此很易被识别。羧基的碳原子共振之所以在最低场，从共振式可以看出羧基的碳原子缺少电子，故共振在最低场。如羧基与杂原子或不饱和基团相连，羧基的碳原子的电子短缺得以缓解，因此共振移向高场方向。由于上述原因，酮、醛共振位置在最低场，一般 $\delta > 195$；酰氯、酰胺、酯、酸酐等相对酮、醛共振位置明显地移向高场方向，一般 $\delta < 185$。α,β-不饱和酮、醛的 δ 也减少，但不饱和键的高场位移作用较杂原子弱。

第二组 δ 111.3~149.2 为烯碳和苯环上的碳信号。取代烯烃的碳信号一般为 100~150；影响苯环的 δ 值产生的因素很多，如取代基电负性、重原子效应、中介效应和电场效应等。

第三组 δ 55.8 为连氧碳信号。连氧碳信号的化学位移值一般在 50~90。

介绍二维 NMR 核磁共振谱所给出的结构信息及在有机化合物结构鉴定中的应用。

六、注意事项

1. 严禁携带铁磁性物质如手表、手机、磁卡、钥匙、金属首饰等进入磁体周围 5G 区域；带心脏起搏器和金属支架的病人不得进入核磁共振实验室。

2. 在更换样品时，得等待听到磁体中有气流声时才可放样，不要操之过急，以免样品管跌碎在样品腔中损坏检测器（探头）。

七、思考题

1. 在 ^{13}C-NMR 谱中，影响化学位移的因素有哪些？

2. 二维 NMR 能给出哪些相关信息？

3. 氘代试剂的选择需要考虑哪些因素？

实验 2-23 　X 射线粉末衍射法测定药物的多晶型

一、实验目的

1. 熟悉 X 射线粉末衍射法确定药物多晶型的基本原理与方法。
2. 掌握 X 射线粉末衍射图谱的分析与处理方法。

二、实验原理

X 射线衍射是研究药物多晶型的主要手段之一，它有单晶法和粉末 X 射线衍射法两种。可用于区别晶态与非晶态、混合物与化合物。可通过给出晶胞参数，如原子间距离、环平面距离、双面夹角等确定药物晶型与结构。粉末法研究的对象不是单晶体，而是许多取向随机的小晶体的总和。此法准确度高，分辨能力强，每一种晶体的粉末图谱，几乎同人的指纹一样，其衍射线的分布位置和强度有着特征性规律，因而成为物相鉴定的基础，它在药物多晶的定性与定量方面都起着决定性作用。

当 X 射线（电磁波）射入晶体后，在晶体内产生周期性变化的电磁场，迫使晶体内原子中的电子和原子核跟着发生周期振动。原子核的这种振动比电子要弱得多，所以可忽略不计。振动的电子就成为一个新的发射电磁波波源，以球面波方式往各个方向散发出频率相同的电磁波，入射 X 射线虽按一定方向射入晶体，但和晶体内电子发生作用后，就由电子向各个方向发射射线。当波长为 λ 的 X 射线射到这族平面点阵时，每一个平面点阵都对 X 射线产生散射，如图 2-6 所示。

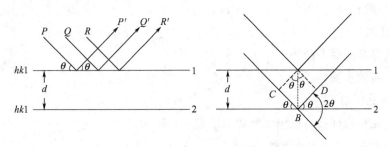

图 2-6　晶体的 Bragg 衍射

先考虑任一平面点阵 1 对 X 射线的散射作用：X 射线射到同一点阵平面的点阵点上，如果入射的 X 射线与点阵平面的交角为 θ，而散射线在相当于平面镜反射方向上的交角也是

θ，则射到相邻两个点阵点上的入射线和散射线所经过的光程相等，即 $PP'=QQ'=RR'$。根据光的干涉原理，它互相加强，并且入射线、散射线和点阵平面的法线在同一平面上。

再考虑整个平面点阵族对 X 射线的作用：相邻两个平面点阵间的间距为 d，射到面 1 和面 2 上的 X 射线的光程差为 $CB+BD$，而 $CB=BD=d\sin\theta$，即相邻两个点阵平面上光程差为 $2d\sin\theta$。根据衍射条件，光程差必须是波长 λ 的整数倍才能产生衍射，这样就得到 X 射线衍射（或 Bragg 衍射）基本公式为 $2d\sin\theta=n\lambda$。式中，θ 为衍射角或 Bragg 角，随 n 不同而异，n 是 1，2，3 等整数。以粉末为样品，以测得的 X 射线的衍射强度（I）与最强衍射峰的强度（I_0）的比值（I/I_0）为纵坐标，以 2θ 为横坐标所表示的图谱为粉末 X 射线衍射图。通常从衍射峰位置（2θ），晶面间距（d）及衍射峰强度比（I/I_0）可得到样品的晶型变化、结晶度、晶体状态及有无混晶等信息。X 射线粉末计数管衍射仪如图 2-7 所示。

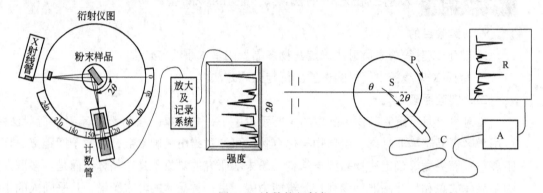

图 2-7　计数管衍射仪

S—样品架；C—计数器；R—记录仪；P—测角圆台；A—放大器

X 射线衍射仪法是将样品装在测角圆台 P 中心架上，圆台的圆周边装有 X 射线计数管 C，以接受来自样品的衍射线，并将衍射转变成电信号后，再经放大器放大，输入记录器记录。用衍射仪法测定样品衍射数据时，需注意样品粉末的细度（约为微米），研磨过筛时特别要注意观察试样是否有变化。

三、仪器与试剂

1. 仪器

X 射线衍射仪。

2. 试剂

不同晶型的甲苯咪唑。

四、实验步骤

1. 样品制备

取一定量的样品，在玛瑙研钵中研磨一定时间。

甲苯咪唑 I 型（B）研磨 5min。

甲苯咪唑 II 型（C）研磨 10min。（药用型）

甲苯咪唑 III 型（A）研磨 15min。

2. 取样

取干燥后的部分产品研磨，压片，置于 X 射线粉末衍射仪上。

3. 设置测试条件

X 射线管：Cu-Kα 靶，Ni 滤波单色标识。X 射线波长：1.54051Å（1Å＝0.1nm）。管压：30kV。管电流：16mA。扫描角度：3°～50°。扫描速度：4°/min。

4. 数据处理

平滑，背景扣除，Kα$_2$ 扣除，寻峰，匹配。

五、数据处理

根据甲苯咪唑（A、B、C 晶型）给出 X 射线粉末衍射图谱。

1. 首先确定衍射图谱中八条谱线，并依强弱顺序编号为 1～8，然后再用格尺分别量出它们的高度（即为衍射强度）。

2. 以各图谱中 1 号衍射峰高度为 I_0，然后分别求出其他衍射峰高度与 1 号衍射峰的比值，即 I_i/I_0（$i=2\sim8$）。

3. 由衍射峰顶所对应的 2θ 求出 $\sin\theta$，然后由 Bragg 方程求出 d/n。

4. 将上述所得数据列于表 2-6，并根据测得结果确定甲苯咪唑是否为多晶型。

表 2-6　甲苯咪唑 X 射线粉末衍射图谱数据（__晶型）

峰 序 号	1	2	3	4	5	6	7	8
2θ								
$\sin\theta$								
d/n								
I_i								
$I_i/I_0\times100$								

六、思考题

1. X 射线粉末衍射法的基本原理是什么？

2. 进行 X 射线衍射的样品有什么要求？

3. X 射线粉末衍射法有哪些其他用途？

实验 2-24　图谱综合解析实例——乙酰丙酮的 ^{1}H-NMR、^{13}C-NMR 谱的综合解析

一、实验目的

1. 了解用核磁共振波谱法研究互变异构现象。

2. 学习利用核磁共振波谱进行定量分析的方法。

二、实验原理

互变异构是有机化学中的常见现象，酮式和烯醇式的相对含量与分子结构、浓度、温度有关。NMR 波谱法是研究互变异构体动态平衡的有用工具，可测定异构体的相对含量，具有简单快速的优点，实验结果与化学法相近。乙酰丙酮具有酮式和烯醇式两种异构体：

CH_3—CO—CH_2—CO—CH_3　　　　CH_3—CO—CH＝COH—CH_3
　　酮式　　　　　　　　　　　　　　　烯醇式

若以酮式存在，则 ^{1}H-NMR 应表现为—CH_3、—CH_2—两个单峰；若酮式和烯醇式共

存，则^{1}H-NMR 应出现 5 个峰。从^{13}C-NMR 看，以酮式存在时，应表现—CH$_3$、—CH$_2$—、$-\overset{\,}{\underset{|}{C}}=O$ 共 3 个峰；而共存时则应出现 6 个峰。其中酮式的亚甲基和烯醇式的烯键的化学位移分别为 3.3 和 4.9，均为单峰，质子数分别为 2 和 1，可选择它们分别代表酮式和烯醇式，对它们的积分曲线进行比较得出它们的相对含量：

$$w_{烯醇式}(\%)=A_{4.9}/(A_{3.3}/2+A_{4.9})$$

在极性溶剂中，易形成分子间氢键，酮式异构体相应稳定；在非极性溶剂中，易形成分子内氢键，烯醇式异构体相对稳定。与溶剂效应类似，浓度的改变也会影响两种异构体的相对含量。由此，可根据 NMR 谱图情况推断互变异构的存在，并可从峰的强度来推测两种异构体的比例。同样，这种方法也可以用于二元或多元组分的定量分析，方法的关键是要找出代表各个组分的定量用峰，并准确测量它们的积分曲线高度。

三、仪器与试剂

1. 仪器

核磁共振波谱仪；样品管（ϕ5mm）；容量瓶（10mL）。

2. 试剂

乙酰丙酮（A. R.）；氘代氯仿（含 0.1% TMS）等。

四、实验步骤

本实验以瑞士 Brukers AV400 脉冲傅里叶变换核磁共振波谱仪操作为例说明，若使用其他型号仪器，应按所用仪器的操作说明进行操作。

1. 试样的配制

样品 1：吸取 2.00mL 乙酰丙酮于 10mL 容量瓶中，以氘代氯仿（含 0.1%TMS）稀释到刻度，摇匀。

样品 2：移取 8.00mL 乙酰丙酮于 10mL 容量瓶中，以氘代氯仿（含 0.1%TMS）稀释到刻度，摇匀。

2. 取样

取样品 1 适量于 ϕ5mm 样品管中，采集该试液的^{1}H 谱。

取样品 2 适量于 ϕ5mm 样品管中，采集该试液的^{13}C 谱。

五、数据处理

1. 由^{1}H-NMR 谱，确定各峰的归属。

2. 由^{13}C-NMR 谱，确定各峰的归属。

3. 确定乙酰丙酮是否互变异构体共存，以及酮式和烯醇式的大致比例。

六、注意事项

（1）标识杂质峰，如溶剂峰、旋转边峰、^{13}C 同位素峰。

（2）根据积分曲线计算各组峰的相应质子数。

（3）根据 δ 值确定它们的归属。

（4）根据 J 和峰形确定基团之间的相互关系。

（5）采用重水交换法识别活泼氢。

（6）综合各种分析，推断化合物的结构。

七、思考题

1. 总结 NMR 谱图解析的基本步骤和方法。

2. 比较^{1}H-NMR 谱、^{13}C-NMR 谱测定条件的异同。

第三节 附 录

附录 2-1　光度法中比色皿的选择和使用

一、比色皿的选择

基本原则是测可见光（350～1000nm）时选择玻璃比色皿，测紫外线时（200～350nm）选择石英比色皿。玻璃比色皿由普通硅酸盐光学玻璃制成；石英比色皿用石英或熔融硅石制成，既可用于紫外区又可用于可见区，但是价格较贵，所以可见光一般选用普通玻璃比色皿。

二、比色皿的正确使用

1. 在使用比色皿时，两个透光面要完全平行，并垂直置于比色皿架中，以保证在测量时，入射光垂直于透光面，保证光程固定。

2. 拿取比色皿时，手指只能接触两侧的毛玻璃，避免接触光学面。

3. 盛装溶液时，高度为比色皿的 2/3 即可。

4. 光面如有残液可先用滤纸轻轻吸附，然后再用镜头纸或丝绸擦拭。

5. 凡含有腐蚀玻璃的物质的溶液，不得长期盛放在比色皿中。

6. 比色皿在使用后，应立即用水冲洗干净。必要时可用 1∶1 的盐酸浸泡，然后用水冲洗干净。

7. 严禁将比色皿放在火焰或电炉上加热或干燥箱内烘烤。

8. 在测量时如对比色皿有怀疑，可自行检测。可将波长选择至实际使用的波长上，将一套比色皿都注入蒸馏水，将其中一只的透射比调至 95％（数显仪器调置 100％）处，测量其他各只的透射比，透射比之差应不大于 0.5％。

三、比色皿的洗涤

选择比色皿洗涤液的原则是去污效果好，不损坏比色皿，同时又不影响测定。一般主张使用硝酸和过氧化氢（5∶1）的混合溶液泡洗，然后用水冲洗干净。分析常用的铬酸洗液不宜用于洗涤比色皿，这是因为带水的比色皿在该洗液中有时会局部发热，致使比色皿胶接面裂开而损坏。同时经洗液洗涤后的比色皿还很可能残存微量铬，其在紫外区有吸收。

对一般方法难以洗净的比色皿，还可以采取以下两种方法。

1. 先将比色皿浸入含有少量阴离子表面活性剂的碳酸钠（20g·L^{-1}）溶液泡洗，经水冲洗后，再于过氧化氢和硝酸（5∶1）混合溶液中浸泡半小时。

2. 在通风橱中用盐酸、水和甲醇（1∶3∶4）混合溶液泡洗。

附录 2-2　紫外-可见分光光度计的使用及日常维护

一、操作规程

1. 首先应确认样品室内无挡光物。打开主机电源，此时在液晶显示器上出现初始化工作画面，仪器将进行自检并初始化，整个过程需要 3min 左右，初始化正常结束后，系统将进入仪器操作主画面。

2. 仪器经过 15～30min 的预热稳定时间后，根据检测项目所需的数据选择各功能进行操作测量。

3. 测定时，多次读数，同一试样取多次读数的平均值。

4. 测定完毕，打开样品室，取出比色皿放回比色盒中，盖上样品室厢盖，关掉电源，切断总电源，盖上防尘布套。

二、日常维护

1. 仪器应置于适宜工作的场所：①环境温度 15～35℃；②室内相对湿度不大于 80%；③仪器应置于稳固的工作台上，不应该有强震动源；④周围无强电磁干扰、有害气体及腐蚀性气体。

2. 每次使用后应检查样品室是否积存有溢出溶液，经常擦拭样品室，以防废液对部件或光路系统的腐蚀。

3. 仪器使用完毕后应盖好防尘罩，可在样品室及光源室内放置硅胶袋防潮，但开机时一定要取出。

4. 仪器液晶显示器和键盘日常使用和保存时应注意防止划伤、防水、防尘、防腐蚀。

5. 定期进行性能指标检测，发现问题即与厂家或销售部门联系解决。

6. 长期不用仪器时，要注意环境的温度、湿度，定期更换硅胶，建议每隔一个月开机运行一小时。

附录 2-3　M6 型原子吸收分光光度计使用方法

一、火焰操作

1. 开启稳压电源，稳压至 AC220V。

2. 开启计算机电源，进入 WINDOWS 界面。

3. 打开光谱仪主机电源，观察主机左后侧指示灯，正常只有 SDANDBY 闪亮。

4. 启动 SOLAAR 操作软件，如果主机与工作站未建立通讯，则可下拉〈动作〉菜单，在〈通讯〉中选择〈连接〉来建立通讯。

5. 单击 ▯，建立火焰方法。

6. 单击 ▯，在相对应位置安装空心阴极灯（不可使用四脚的国产空心阴极灯）。

7. 单击 ▨，调整光路。

8. 先打开空气压缩机，设定压力在 2.1bar（1bar＝0.102MPa）。

9. 再打开乙炔气阀，压力调整在 0.6～0.9bar，如果管道较长可适当提高压力。

10. 观察光谱仪左侧的点火准备灯闪烁，打开软件中〈火焰状态〉窗口，确认火焰系统各部分均正常，则可准备点火。

11. 按住点火按钮（左前侧白色按钮），直至火焰点燃。稳定数分钟。

12. 将吸液毛细管放入去离子水中，调用已设定的分析方法（分析方法的设定详见 SO-

LAAR AA 操作手册），单击▶，根据提示完成分析。

13. 继续吸喷去离子水 5min 后，从水中取出毛细管，按光谱仪左下方的红色按钮熄火。

14. 关闭乙炔气阀，关闭空气压缩机，注意直到压力降低到 0.14bar 以下时，才能重新开启。要及时放掉集水器中的水。

15. 数据处理及结果打印。

16. 关闭空心阴极灯，关闭光谱仪电源，退出 SOLAAR 软件，并关闭计算机、主机及稳压电源。

二、石墨炉操作

1. 开启稳压电源，稳压至 AC220V。

2. 开启计算机电源，进入 WINDOWS 界面。

3. 打开光谱仪主机电源，观察主机左后侧指示灯，正常只有 SDANDBY 闪亮。

4. 启动 SOLAAR 操作软件，如果主机与工作站未建立通讯，则可下拉〈动作〉菜单，在〈通讯〉中选择〈连接〉来建立通讯。

5. 单击 □，建立石墨炉方法。

6. 单击 ▣，在相对应位置安装空心阴极灯（不可使用四脚的国产空心阴极灯）。

7. 打开石墨炉电源，打开氩气钢瓶气阀，调整压力约为 1.1bar，打开冷却循环水系统调整压力约为 $2.5kg \cdot cm^{-2}$，水温设定 25℃。

8. 在自动进样器的洗液瓶中装满去离子水，并拧紧瓶盖。

9. 根据不同应用安装各种石墨管（安装方法详见 SOLAAR AA 操作手册），并在方法中设置石墨管类型，清洗石墨管、石墨锥、感温器和石英。

10. 单击 ◁，调整光路。

11. 单击 ☉ 来调整自动进样器进样针的位置和深度（调整方法详见 SOLAAR AA 操作手册），用牙医镜来观察。反复单击 ☉，确保进样针位于最佳位置。

12. 新更换的石墨管至少高温清洗 3 次，以消除石墨管空白。

13. 单击 ASLG 放样。

14. 调用已设定的分析方法（分析方法的设定详见 SOLAAR AA 操作手册），单击▶键根据提示完成分析，分析过程中要注意防止样液暴沸飞溅现象。

15. 关闭冷却循环水系统，关闭氩气钢瓶气阀。

16. 关闭空心阴极灯，关闭石墨炉和光谱仪电源，退出 SOLAAR 软件并关闭计算机。

附录 2-4　AFS-8200 双道原子荧光光度计操作流程（原子荧光光度计主要测 Ag、Hg、Se）

一、操作流程

1. 打开电脑，进入 WINDOWS 系统。

2. 检查水封是否有水。

3. 换上要做的元素灯（所测元素灯已插好，此步可省），换元素灯时灯要顶到头，一定要关闭机器，禁止待定。旋转灯时要按着灯盖。

4. 打开仪器主机电源，汞灯有可能不亮（可能是温度低），应适当调整（测汞时）。

5. 检查灯光斑是否对正，若不正进行调整。汞灯光斑不明显，矫正时可用东西盖上看光斑，要将光斑打在中心上。一般不换汞灯，要换灯就换其他灯，因为汞灯不好调光斑。

6. 双击桌面上 AFS-8X 系列"原子荧光光度计"图标进入工作站。

7. 进入工作站后，出现自检测画面，点"检测"，正常后，点"返回"。

8. 单击"点火"图标。

9. 单击"元素表"，A、B 道自动识别元素灯，进样方式选"自动"。若单道测量，则另一道选择"手工设置"，下拉头选"None"，然后点"确定"。但灯不灭时，若改错了灯想重新选灯必须选"重选"，不可直接选。

10. 单击"仪器条件"，设置工作电压、电流。单击"测量条件"，设置延迟时间为 0.5s，控制荧光值在 200～700 以内，用负高压电流摸索着改，负高压≤320V，A 灯电流砷≤120mA，B 灯汞电流≤40mA，辅阴极自动变，载气调到 400，屏蔽、原子化、注入量不用动，然后点"确定"。

11. 单击"标准系列"，输入曲线浓度，双击 S1～S5 输入 A、B 道所测元素标准曲线各点浓度及位置，点"确定"。（零是流动相，因此标准系列从 1 开始设置）

12. 单击"样品参数"，单击"样品空白"，有几个"样品空白"就在后面的方框里面打几个对号，并设置样品空白位置，点"确定"。单击"添加样品"，依次输入插入样品个数（不包括空白）、样品名称、稀释因子（前面框为所取样品量，后面为定容后的体积。机器最大浓度是 $\mu g \cdot L^{-1}$，所以稀释倍数应尽量大些）及样品位置（很重要），该位置只改位置号，不改编号。选定样品要扣除样品空白，单击返回。管理样不用。若在添加样品里输入数据出现错误，哪错改哪（先查位置号，再看其他项，标准样品错了上标准系列里改，样品错了上样品参数里改），点"属性修改"。

13. 单击"测量窗口"，出现测量画面（点"测量"从头到尾是不停的，如不想全测，可重选区域测量。空白应单点"重做空白"）。

14. 单击"预热"按钮，进行预热，最少 30min（预热时要看着，如时间停止，则再点预热，预热时间总和要达到 30min）。

15. 预热结束，打开气瓶开关，把分压表调到 0.3MPa。

16. 确定载流（进样装置上面的水槽；进样针要高过载流槽，液体不能高过槽眼）、还原剂（主机右侧的单独的细管）、样品、标准点都已放好，压紧泵块（非常重要，用之前要抹油，每次用完一定把泵块松开）。

17. 单击"重做空白"，出现"另存为"的画面，在新建文件处输入新建文件名，如水 05-11-25As、Hg（今天所做的数据全部保存于此新建的文件当中，不要与以前的文件名相同，否则会替换以前的文件），然后点"保存"。仪器开始运行。看反应块必须有气泡，否则有问题，而且软管不能有死结。

18. 依次测量标准空白、标准曲线 S1～S5 各点、样品空白、样品。也可以选中区域测量，若只做标准空白也可点"重做空白"。最省事是将"标准空白"点绿直接点"测量"则会依次把所有样品一起测出来。每个样品直到打钩了才算测完，并且右侧详细记录两次数值差小于4。若没溶液了，可以单击"急停"。

19. 单击"报告"、"工作曲线"（理论上相关系数大于0.999，若图上的某个点不好则将下面的标记"√"去掉，去掉方法是直接点对号，根据需要进行打印）。

20. 清洗，单击"清洗程序"，按清洗说明放好各毛细管（清洗时先把载流、还原剂都换成水再清洗。载流槽上有个小眼是朝外的，并注意进样针的高度），点清洗，清洗五次以上（点"重做空白"再清洗）。做完实验一定要把载流槽里的酸、还原剂倒掉。

21. 点"熄火"，然后关闭软件、主机电源，关气、送泵压块，关电脑。清洗各容量瓶。

二、注意事项

1. 测量方法

测量方法选 StdCurve 标准曲线。标准空白和 Test 里面的空白辨别值选4，是指做两个空白值之间的差值小于4。

2. 载流和还原剂的配置

硼氢化钾还原剂：0.5％KOH、2％KBH$_4$ 配制方法是先取100mL水，然后加入0.5g KOH，再将2g的 KBH$_4$ 溶于溶液中，一般配制500mL。

3. 仪器要求

氢气纯度99.99％，机器温度15～30℃，最佳25℃左右。

4. 进样针的安装

先拔与透明短塑料管相连的白管，再逆时针拧白塑料螺丝扣，拔出针。安装针时，针尖一定要高过载流槽，扣不要拧太紧，带上扣就可以，最后将白管安上，不要太用力。

5. 软件的安装

先驱动"dogdriver"，再安装 AFS 工作站，进工作站，仪器型号选 AFS-8220，自动进样器选 AS-60、80位。若选过了或错了则点选项中"仪器及用户参数"。

6. 玻璃仪器清洗

1∶1 HCl 电炉上微沸，倒入容量瓶里上下摇，再用去离子水洗净，移液管则用洗耳球反复吹洗。

| 附录 2-5 | ICP-AES 电感耦合等离子体原子发射光谱仪操作指导卡 |

仪器名称	ICP-AES 电感耦合等离子体原子发射光谱仪
厂商/型号	PerkinElmer OPTIMA 2100 DV

<table>
<tr><td colspan="2" align="center">操 作 步 骤</td></tr>
<tr>
<td>1. 在仪器开机前，按氩气瓶的开启阀标识 open 方向打开氩气气体。
注：打开氩气瓶时首先打开一瓶，然后当快用完（总气压大约在0.3MPa）第一瓶时再打开第二瓶，并保持管路通畅。</td>
<td></td>
</tr>
</table>

仪器名称	ICP-AES 电感耦合等离子体原子发射光谱仪
厂商/型号	PerkinElmer OPTIMA 2100 DV

操 作 步 骤

2. 观察氩气的输出气压为 0.8MPa。

注:1. 顺时针旋转为调小,逆时针旋转为调大,因每次开关机都不需关阀门,一般不需调节。

2. 刚开机时如果大于 0.8MPa,则需在点火后再调节。

---

3. 打开空压机开关,并检查排水管和排气管是否有破损。

注:1. 当压力超过一定的值时会自动停下,属于正常情况。

2. 如过载而使过载保护开关断开,恢复工作前请先按过载开关。

3. 空压机的输出气压管始终保持打开状态。自然排气管和排水管排出户外。

自然排气管   输出气压管   自然排水管

---

4. 调节其空压机输出压力为 80psi(1psi=6894.76Pa)。

注:1. 其压力表下黑色的旋钮和总旋钮不需变动。

2. 每次开关机都不需关阀门,一般不需调节。

旋钮

---

5. 打开冷却水开关,设定水温为 20℃,压力设定为 45~80psi。

注:1. 当冷却水运转时,其显示温度实际值会不停改变,属正常情况。盛装的去离子水须一年更换一次。

2. 设下水温的方法为按下 menu 键,然后再调节红色旋钮至 20℃。

仪器名称	ICP-AES 电感耦合等离子体原子发射光谱仪
厂商/型号	PerkinElmer OPTIMA 2100 DV

操 作 步 骤

6. 打开仪器主电源（Main Instrument Switch）。

注：为减少待机时间，通常维持在开启状态，故每次下课前再关闭主电源。

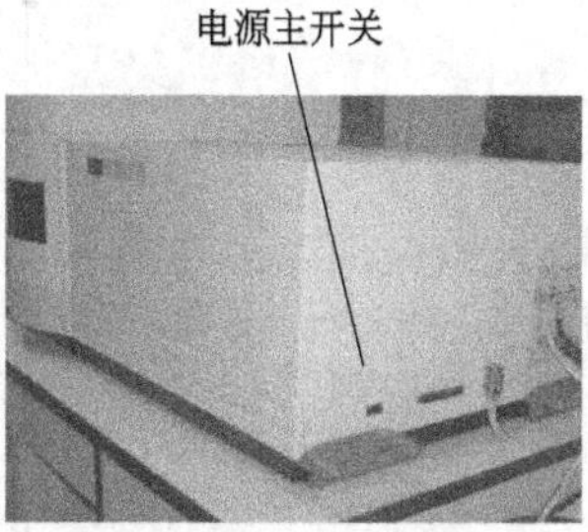

电源主开关

7. 关闭等离子体门，并确认该门紧闭。

注：此门在开火过程中不能打开，因火焰温度高达 10000K，以免对人体和仪器造成损坏。

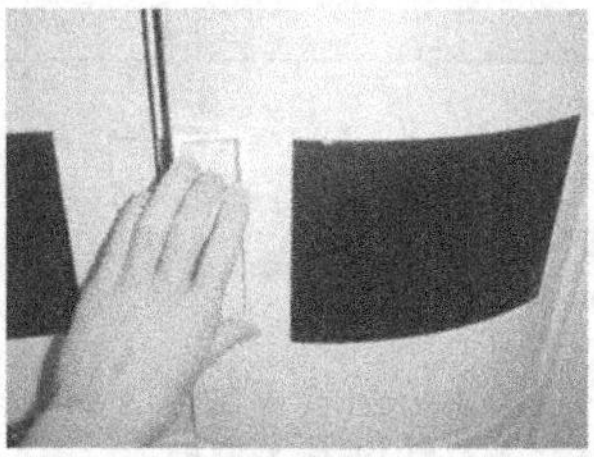

8. 打开抽风机开关，其开关安装在空调背后的墙壁上。

9. 打开计算机、屏幕及打印机，双击打开操作软件 WinLab32。

软件WinLab32

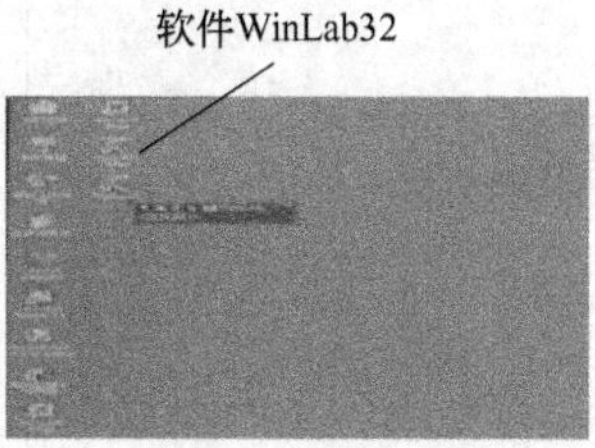

10. 检查计算机和仪器连接是否良好。

(1)当连接良好时，如图屏幕显示为√。

(2)当连接失败时，如图屏幕显示为×。

等离子体错误   光学系统错误

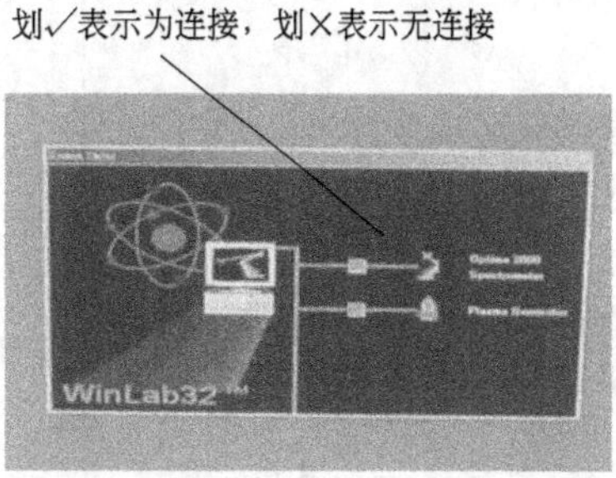

划√表示为连接，划×表示无连接

仪器名称	ICP-AES 电感耦合等离子体原子发射光谱仪
厂商/型号	PerkinElmer OPTIMA 2100 DV

操 作 步 骤

11. 仪器性能测试(Performance checks)：在 File 的目录下选 New Method(建立新方法)。	
12. 打开 Method Editor,按周期表(Periodic Table),选择 Mn(锰)波长 257.610。	
13. 在 File 的目录下,选取 Save Method,输入欲存的档如"perftest",按 ok。	
14. 于 Spectrometer 中 Setting 的窗口下,设定如下条件。 Read Time Min:10sec,max 20 sec(积分时间)。 Read Delay:60 sec(延迟时间)。 Replicates:3(重复次数)。	Replicates设定为3　Read Delay设为60sec

仪器名称	ICP-AES 电感耦合等离子体原子发射光谱仪
厂商/型号	PerkinElmer OPTIMA 2100 DV

操 作 步 骤

15. 在 Plasma 的页面上,选择 Same for all Elments,而参数值设定如下。 Plasma Flow:15L·min^{-1}(等离子气)。 Aux Flow:0.5L·min^{-1}(辅助气)。 Neb Flow:0.75L·min^{-1}(雾化气)。 RF Power:1450W(等离子体功率)。 View Dist:15mm(观测高度)。	
16. 按 Sampler 键,在蠕动泵页面上选择 Sampe Flow Rate 1.50mL·min^{-1}。	
17. 按 Process 键,在 Peak Processing Page 选择 Peak Area。	
18. 在 Calibration 键上 Define Standards 的页面选择 Standard 1,在 Calib Units and Concentration 页面上输入 10mg/L 的 Mn。	
19. 在 File 目录下选择 Save Method 中 10mg/L Mn 之 cps(强度约为 400000cps)。	

仪器名称	ICP-AES 电感耦合等离子体原子发射光谱仪
厂商/型号	PerkinElmer OPTIMA 2100 DV

操 作 步 骤

20. 准确度测试：在 File 目录下按 Open Method，打开 Perftest 方法。	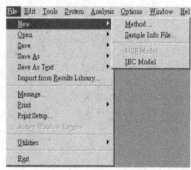
21. 在方法编辑窗口上（Method Editor）选择 Spectrometer 的 Settings 页面，设定重复性为 10 个重复。	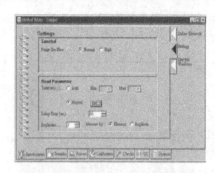
22. 吸取 10mg/L 锰（Mn）溶液，在 Manual Analysis Control 窗口中按分析样品（Analyze Sample），检测 10 个重复的结果是否＜1.0％的 RSD（变异系数）。	
23. 新方法的设定：按 Spectrometer 窗口中右键中第二栏进入 Setting Page 中，设定 Delay 为 30sec，Replicates 设定为 3。其余参数设定一般不需改变，其余参数说明如下。 Page Gas Flow：一般而言，当分析波长＜190nm 可选择 high，一般设定为 normal。	Replicates设定为3　Read Delay设为60sec 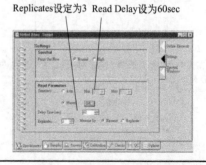

仪器名称	ICP-AES 电感耦合等离子体原子发射光谱仪
厂商/型号	PerkinElmer OPTIMA 2100 DV

<table>
<tr><td colspan="2" align="center">操 作 步 骤</td></tr>
<tr>
<td>24. 从 Method 窗口单击进 Sampler/Peristaltic Pump 设定：flush time 为 5sec，sample flow rate 一般设定为 1.5mL·min^{-1}。</td>
<td></td>
</tr>
<tr>
<td>25. 从 Method 窗口单击进入 Calibration/Define Std。</td>
<td></td>
</tr>
<tr>
<td>26. 测 EN1122 和 EPA3050B（制作一条检量线）时设定 Calib Blank 1 为"1"、Calib Std 1～4 为 2～5，Reagent Blank1 为 6。测 EN71-3 时（制作三条检量线）设 Calib Blank 1 为"1"，Calib Std1～12 为 2～13，Reagent Blank1 为 14。</td>
<td></td>
</tr>
<tr>
<td>27. 从 Method 窗口单击进入 Calib/Unit and Conc。</td>
<td></td>
</tr>
</table>

仪器名称	ICP-AES 电感耦合等离子体原子发射光谱仪
厂商/型号	PerkinElmer OPTIMA 2100 DV

操 作 步 骤

28. 将各元素的 Calib Std1 都设定为 0.05,Calib Std2 都设定为 0.1,Calib Std3 都设定为 0.5,Calib Std4 都设定为 1。如果测八大重金属(EN71-3),因 QC21 标准液只有六个元素,另外接着 Ba 配制的检量线,则从 Calib Std5～8 依次输入 0.05mg·L^{-1}、0.1mg·L^{-1}、0.5mg·L^{-1}、1mg·L^{-1},最后 Hg 配制的检量线,则从 Calib Std9～13 依次输入 0.05mg·L^{-1}、0.1mg·L^{-1}、0.5 mg·L^{-1}、1mg·L^{-1}。

注:先制作 QC21 检量线,Ba 的检量线其次,最后制作 Hg 的检量线(因 Hg 易残留于管路中)。

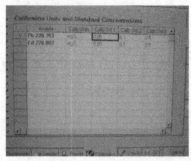

29. 从 Method 窗口单击进入 Calib/Sample Units。

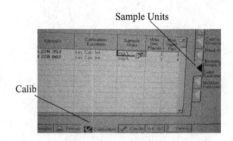

30. 将单位 mg·L^{-1}改为 mg·kg^{-1}

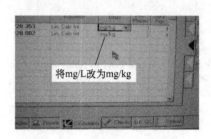

31. 将分析方法设定完后,从 File 中 Save Method。

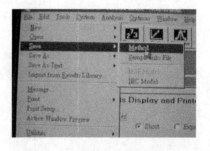

仪器名称	ICP-AES 电感耦合等离子体原子发射光谱仪
厂商/型号	PerkinElmer OPTIMA 2100 DV

操作步骤

32. 将此分析方法在 Name 命名栏输入适当的名称,单击 ok。

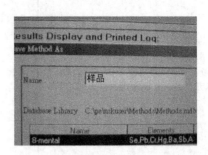

33. 检查蠕动泵管有无变形、破损,弹性是否良好,将进样管顺着蠕动泵的旋转方向用卡钩把蠕动泵套上固定好,排液管逆着蠕动泵的旋转方向用卡钩把蠕动泵套上固定好。

注:当进样管在工作时,注意管路不能有弯折,蠕动泵管大约在 2～3 天内更换一次。

34. 装上蠕动泵管,检查连接良好后将进样管移入装有去离子水的烧杯中,准备点燃仪器。

注:将进样管和排液管固定后,注意弓形的卡钩是否对准卡稳。

35. 确认蠕动泵管良好后,打开 Plasma Control 窗口,单击 Pump 启动蠕动泵,同时检查泵管连接顺序是否正确。

注:检查时注意样品是否有吸到雾化器。

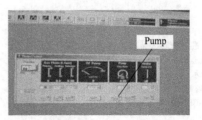

仪器名称	ICP-AES 电感耦合等离子体原子发射光谱仪
厂商/型号	PerkinElmer OPTIMA 2100 DV

操作步骤

36. 单击 On 点燃等离子体,其间将会有3min 填充时间。其计算机等离子体参数都已设定好,不需要改动。

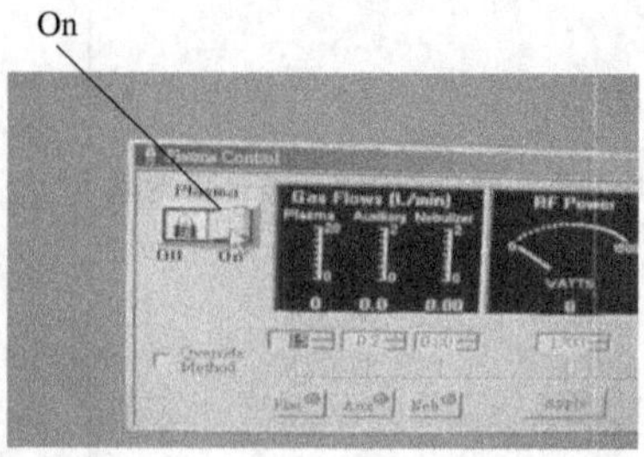

On

37. 观察窗等离子体点火后其火焰情形,如果不稳定,则按紧急按钮关闭等离子体。

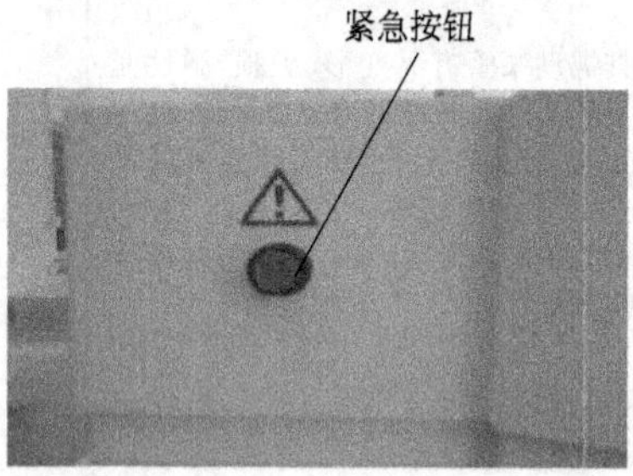

紧急按钮

38. 检量线制作和样品信息输入完后进行样品测试前需保存数据,单击 Results Data Set Name 栏中 Open 进入,输入适当的文件名,单击 ok,此时档案保存完毕。

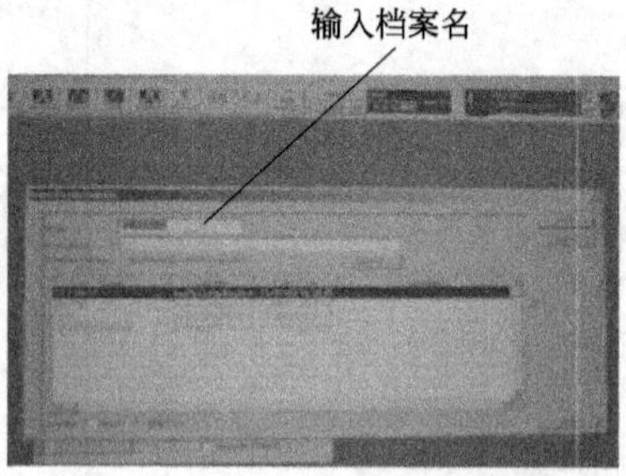

输入档案名

39. 打开 Manual 窗口,进行检量线制作,首先将进样管移入装有去离子水烧杯中,再单击 Analyze Blank 进行 Calib Blank 分析,如图所示。
注:若有异常要停止此分析,则可再单击 Analyze Blank 停止此分析。

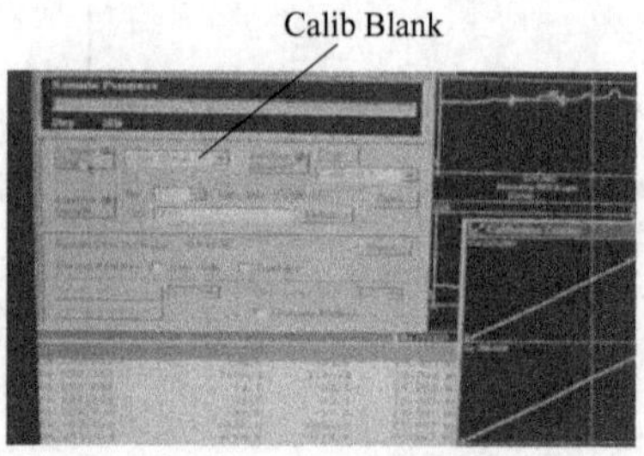

Calib Blank

仪器名称	ICP-AES 电感耦合等离子体原子发射光谱仪
厂商/型号	PerkinElmer OPTIMA 2100 DV

操作步骤

40. 进行 Calib Blank 分析后将进样管移入试剂空白中再单击 Analyze Blank 进行 Reagent Blank 分析。

注:1. 从 Calib Blank 分析后会自动调整到 Reagent Blank 分析。

2. 分析完 Reagent Blank 后需对进样系统进行清洗。

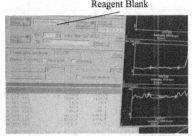

Reagent Blank

41. 当 Reagent Blank 分析完后,计算机会自动调节到 Calib Std1,将进样管移入 Calib Std1 对应标准液中再单击 Analyze Std1 进行分析后,再依顺序进行 Calib Std2、Calib Std3 Calib Std4 标准液分析。检量线的 $r<0.995$ 时将没有检量线形成,证明标准液有异常,须重新配制。

注:1. 如果测 EN71-3,则要按 Calib Std1～12 进行分析检量线制作。

2. 分析时从高浓度到低浓度和换元素分析时,每分析完一次要用去离子水清洗 10～15sec。

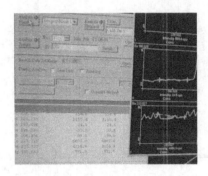

42. 单击工具栏的 Sample Info 窗口进入样品资料编辑窗口,在 Sample ID 输入相关的样品信息。在 Sample wt 中输入质量(如 0.50975g),在 Sample vol 中输入稀释后的体积(如 100mL)。

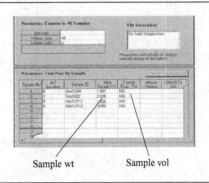

Sample wt   Sample vol

43. 当样品信息输入完后,单击 File→Save→Sample Info File 保存。

注:如果要打开旧的档案时,直接从工具栏 Sample Info 进入。

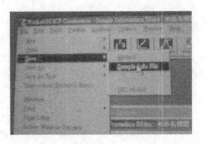

仪器名称	ICP-AES 电感耦合等离子体原子发射光谱仪
厂商/型号	PerkinElmer OPTIMA 2100 DV

操 作 步 骤

44. 单击 Analyze Sample 依顺序进行样品分析。

注:1. 如有异常要停止某个分析,则可单击 Analyze Sample 停止分析。

2. 当分析完一个样品时需清洗几秒再分析另一样品。

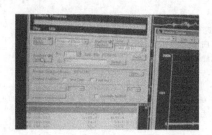

45. 样品分析完毕时从工具栏 Spectra 打开窗口,可看到各元素的波峰图。

46. 分析完后的数据从工具栏打开 Results 窗口,查看数据。

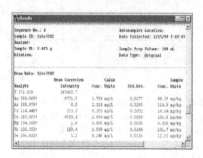

47. 所有样品分析完后,用 3%~5% 的硝酸清洗 3min 后,再用去离子水清洗 5min。

注:用去离子水清洗完后,将进样管取出烧杯,让进样管和混合室的残液流出。

仪器名称	ICP-AES 电感耦合等离子体原子发射光谱仪
厂商/型号	PerkinElmer OPTIMA 2100 DV

操 作 步 骤

48. 卸下蠕动泵管,让其成自然位置。关掉操作软件、主电源开关、空压机开关、冷却水开关、氩气开关。	

安全及注意事项

1. 在等离子体控制窗口中,将 Plasma 按钮按 On 可打开等离子体,点火时会有 45s 氩气充填时间。
2. 当点火打开时,应先在窗口内检查等离子体情形,若等离子体不稳定,在等离子体钮处按 Off,关闭等离子体或按仪表板上紧急关闭钮 Emergency Plasma Off 紧急关闭等离子体。
3. 待 3min 后等离子体稳定,开始分析样品,确保分析的稳定性。
4. 进行仪器分析性能的调校。

附录 2-6 红外光谱仪原理及结构

19 世纪初,红外线首次被发现,20 世纪初人们进一步认识到不同的化合物官能团具有不同的红外吸收频率。1950 年后出现了红外分光光度计,1970 年后计算机技术的迅猛发展,傅里叶变换型红外光谱仪得以问世。现在,随着红外测定技术如全反射红外、显微红外以及色谱-红外联用技术的不断发展,红外光谱法得到广泛应用。

一、红外光谱法基本原理

1. 定义

当样品受到频率连续变化的红外线照射时,分子吸收某些频率的辐射,并由其振动或转动运动引起偶极矩的净变化,产生分子振动和转动能级从基态到激发态的跃迁,使相应于这些吸收区域的透射光强度减弱。记录红外线的百分透射比与波数或波长关系曲线,就得到红外光谱 (infrared absorption spectroscopy,IR)。

红外区的光谱除用波长 λ 表征外,更常用波数 (wave number) σ 表征。波数即为波长的倒数,表示每厘米长光波中波的数目。波数与波长的关系是:$\sigma(\mathrm{cm}^{-1})=10^4/\lambda(\mu m)$。红外吸收光谱一般用 T-λ 曲线或 T-σ 曲线表示。纵坐标为透射比 $T\%$,因而吸收峰向下,向上则为谷;横坐标是波长 λ (单位为 μm) 或 σ (单位为 cm^{-1})。图 2-8 即为用德国布鲁克 TENSOR 27 红外光谱仪测定的苯甲酸的红外光谱。

2. 红外光区的划分

红外光谱按其波长划分为三个区域:近红外光区、中红外光区和远红外光区。这三个区域包含波长范围及能级跃迁类型如表 2-7 所示。

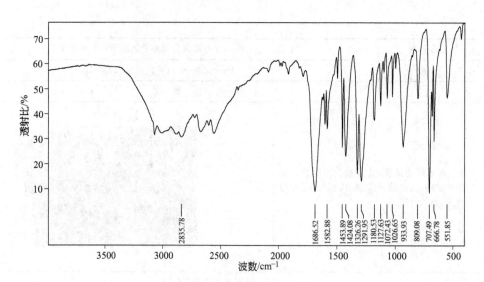

图 2-8　典型的红外光谱

表 2-7　红外光谱区的划分

区域	$\lambda/\mu m$	σ/cm^{-1}	能级跃迁类型
近红外	0.75～2.5	13333～4000	O—H、N—H 及 C—H 键的倍频吸收
中红外	2.5～25	4000～400	分子中基团振动,分子转动
远红外	25～1000	400～10	分子转动,晶格振动

　　近红外光谱可用来研究稀土和其他过渡金属离子的化合物,并适用于水、醇、某些高分子化合物以及含氢原子团化合物的定量分析。

　　中红外光区吸收带 (2.5～25μm) 是绝大多数有机化合物和无机离子的基频吸收带,所以该区最适于进行红外光谱的定性和定量分析。同时,由于中红外光谱仪最为成熟、简单,因此它是应用极为广泛的光谱区。通常,中红外光谱法又简称为红外光谱法。

　　远红外光区吸收带 (25～1000μm) 用于金属有机化合物 (包括络合物)、氢键、吸附现象的研究。但由于该光区能量弱,除非其他波长区间内没有合适的分析谱带,一般不在此范围内进行分析。

　　3. 红外光谱法的特点

　　(1) 红外吸收只有振动能级和转动能级跃迁,能量低:如分子的振动能级变化 ΔE_v 大约比电子运动能量变化 ΔE_e 小 10 倍,一般在 0.05～1eV 之间,而转动能级变化 ΔE_r 又比分子的振动能级变化 ΔE_v 小 10 倍或 100 倍。

　　(2) 应用范围广:除单原子分子及同核分子外,几乎所有有机物均有红外吸收。

　　(3) 分子结构更为精细的表征:通过 IR 谱可以测定分子的键长、键角,进而推断出分子的立体构型,由所测得热力学常数可知道化学键强弱。

　　(4) 定量分析:吸收谱带的吸收强度与分子组成或化学基团的含量有关,可用以进行定量分析和纯度鉴定。

　　(5) 固、液、气态样均可用,且用量少、不破坏样品。

　　(6) 分析速度快,5～10s 一个样品就能扫描完毕。

　　(7) 与色谱等联用 (GC-FTIR) 具有强大的定性功能。

4. 红外吸收产生的条件

红外吸收的产生有两个条件，缺一不可。①振动的频率与红外线波段的某频率相等。即分子吸收了这一波段的光，可以把自身的能级从基态提高到某一激发态。这是产生红外吸收的必要条件。②只有引起分子偶极矩发生变化的振动才能产生红外吸收光谱。

分子在振动过程中，由于键长和键角的变化，而引起分子的偶极矩的变化，结果产生交变的电场，这个交变电场会与红外光的电磁辐射相互作用，从而产生红外吸收。

许多非极性的双原子分子（H_2、N_2、O_2）虽然也会振动，但振动中没有偶极矩的变化，因此不产生交变电场，不会与红外线发生作用，不吸收红外辐射。

5. 红外光谱的几个术语

(1) 峰位：吸收峰的位置（吸收频率）。

分子内各种官能团的特征吸收峰只出现在红外线波谱的一定范围，如 $C=O$ 的伸缩振动一般在 $1700cm^{-1}$ 左右。

吸电子效应使峰位向高波数移动，而推电子效应则使峰位向低波数移动。

(2) 峰强：吸收峰的强度，一般用以下的英文表示。很强 vs(very strong)，强 s (strong)，中 m(medium)，弱 w(weak)，很弱 vw(very weak)。

影响红外吸收峰强度的因素主要有跃迁类型、基团的极性和被测物浓度，其中基团极性越大，峰强度也越大；被测物浓度越大，峰强度也越大。

(3) 峰形：吸收峰的形状常见有尖峰、宽峰、肩峰，一般用以下的英文表示。宽 b (broad)，尖 sh (sharp)。

不同基团可能在同一频率范围内都有红外吸收，如—OH、—NH 的伸缩振动峰都在 $3400\sim3200cm^{-1}$，但二者峰形状有显著不同。峰形的不同有助于官能团的鉴别。

6. 红外光谱的特征吸收峰

分子的各种基团，如 C—H、O—H、N—H、$C=C$、$C=O$ 和 $C\equiv C$ 等，都有特定的红外吸收区域，分子的其他部分对其吸收位置影响较小。通常把这种能代表基团存在、并有较高强度的吸收谱带称为基团频率，其所在的位置一般又称为特征吸收峰。

按波数大小分为两个区域，一个为官能团区，波数范围为 $4000\sim1300cm^{-1}$，吸收峰为伸缩振动产生；一个为指纹区，波数范围为 $1300\sim600cm^{-1}$，为单键伸缩振动和变形振动产生的吸收峰。

(1) 官能团区：官能团频率区可分为以下三个区域。

① $4000\sim2500cm^{-1}$ X—H 伸缩振动区，X 可以是 O、N、C 或 S 等原子。O—H 的伸缩振动出现在 $3650\sim3200cm^{-1}$ 范围内，它可以作为判断有无醇类、酚类和有机酸类的重要依据。胺和酰胺的 N—H 伸缩振动也出现在 $3500\sim3100cm^{-1}$，因此，可能会对 O—H 伸缩振动有干扰。

C—H 的伸缩振动可分为饱和和不饱和的两种。饱和的 C—H 伸缩振动出现在 $3000\sim3100cm^{-1}$。不饱和的 C—H 伸缩振动出现在 $3000cm^{-1}$ 以上，以此来判别化合物中是否含有不饱和的 C—H 键。

苯环的 C—H 键伸缩振动出现在 $3030cm^{-1}$ 附近，它的特征是强度比饱和的 C—H 键稍弱，但谱带比较尖锐。

不饱和的双键 =C—H 的吸收出现在 3010～3040cm^{-1} 范围内，末端 =CH$_2$ 的吸收出现在 3085cm^{-1} 附近。

叁键 ≡CH 上的 C—H 伸缩振动出现在更高的区域（3300cm^{-1}）附近。

② 2500～1900cm^{-1} 为叁键和累积双键区。主要包括—C≡C、—C≡N 等叁键的伸缩振动，以及—C=C=C、—C=C=O 等累积双键的不对称性伸缩振动。

对于炔烃类化合物，可以分成 R—C≡CH 和 R′—C≡C—R 两种类型。R—C≡CH 的伸缩振动出现在 2100～2140cm^{-1} 附近，R′—C≡C—R 出现在 2190～2260cm^{-1} 附近。

R—C≡C—R 分子对称时，则为非红外活性。

—C≡N 基的伸缩振动在非共轭的情况下出现在 2240～2260cm^{-1} 附近。当与不饱和键或芳香核共轭时，该峰位移到 2220～2230cm^{-1} 附近。

③ 1900～1200cm^{-1} 为双键伸缩振动区，该区域主要包括以下三种伸缩振动。

a. C=O 伸缩振动出现在 1900～1650cm^{-1}，是红外光谱中特征最强的吸收，由此很容易判断酮类、醛类、酸类、酯类以及酸酐等有机化合物。酸酐的羰基吸收带由于振动耦合而呈现双峰。

b. C=C 伸缩振动。烯烃的 C=C 伸缩振动出现在 1680～1620cm^{-1}，一般很弱。单核芳烃的 C=C 伸缩振动出现在 1600cm^{-1} 和 1500cm^{-1} 附近，有两个峰，用于确认有无芳核的存在。

c. 苯的衍生物的泛频谱带，出现在 2000～1650cm^{-1} 范围，是 C—H 面外和 C=C 面内变形振动的泛频吸收，虽然强度很弱，但它们的吸收面貌在表征芳核取代类型上有一定的作用。

（2）指纹区

① 1800～900cm^{-1} 区域是 C—O、C—N、C—F、C—P、C—S、P—O、Si—O 等单键的伸缩振动和 C=S、S=O、P=O 等双键的伸缩振动吸收。其中 1375cm^{-1} 的谱带为甲基的 δ_{C-H} 对称弯曲振动，对识别甲基十分有用，C—O 的伸缩振动在 1300～1000cm^{-1}，是该区域最强的峰，也较易识别。

② 900～650cm^{-1} 区域的某些吸收峰可用来确认化合物的顺反构型。

二、影响基团频率的因素

基团频率主要是由基团中原子的质量和原子间的化学键力常数决定。分子内部结构和外部环境的改变对它都有影响，因而同样的基团在不同的分子和不同的外界环境中，基团频率可能会有一个较大的范围。因此了解影响基团频率的因素，对解析红外光谱和推断分子结构都十分有用。

影响基团频率位移的因素大致可分为内部因素和外部因素。

1. 内部因素

（1）电子效应：包括诱导效应、共轭效应和中介效应，它们都是由于化学键的电子分布不均匀引起的。

① 诱导效应（I 效应）：由于取代基具有不同的电负性，通过静电诱导作用，引起分子中电子分布的变化。从而改变了键力常数，使基团的特征频率发生了位移。

例如，一般电负性大的基团或原子吸电子能力较强，与烷基酮羰基上的碳原子相连时，由于诱导效应就会发生电子云由氧原子转向双键的中间，增加了 C＝O 键的力常数，使 C＝O 的振动频率升高，吸收峰向高波数移动。随着取代原子电负性的增大或取代数目的增加，诱导效应越强，吸收峰向高波数移动的程度越显著。

② 共轭效应（C 效应）：共轭效应使共轭体系中的电子云密度平均化，结果使原来的双键略有伸长（即电子云密度降低）、力常数减小，使其吸收频率向低波数方向移动。例如酮的 C＝O，因与苯环共轭而使 C＝O 的力常数减小，振动频率降低。

③ 中介效应（M 效应）：当含有孤对电子的原子（O、S、N 等）与具有多重键的原子相连时，也可起类似的共轭作用，称为中介效应。

例如，酰胺中的 C＝O 因氮原子的共轭作用，使 C＝O 上的电子云更移向氧原子，C＝O 双键的电子云密度平均化，造成 C＝O 键的力常数下降，使吸收频率向低波数位移。

对同一基团，若诱导效应和中介效应同时存在，则振动频率最后位移的方向和程度，取决于这两种效应的结果。当诱导效应大于中介效应时，振动频率向高波数移动，反之，振动频率向低波数移动。

(2) 氢键的影响：

氢键的形成使电子云密度平均化，从而使伸缩振动频率降低。

例如，羧酸中的羰基和羟基之间容易形成氢键，使羰基的频率降低。游离羧酸的 C＝O 键频率出现在 $1760 cm^{-1}$ 左右，在固体或液体中，由于羧酸形成二聚体，C＝O 键频率出现在 $1700 cm^{-1}$。

分子内氢键不受浓度影响，分子间氢键受浓度影响较大。

(3) 振动耦合：当两个振动频率相同或相近的基团相邻具有一公共原子时，由于一个键的振动通过公共原子使另一个键的长度发生改变，产生一个"微扰"，从而形成了强烈的振动相互作用。其结果是使振动频率发生变化，一个向高频移动，另一个向低频移动，谱带分裂。振动耦合常出现在一些二羰基化合物中，如羧酸酐中，两个羰基的振动耦合，使 $\nu_{C=O}$ 吸收峰分裂成两个峰，波数分别为 $1820 cm^{-1}$（反对耦合）和 $1760 cm^{-1}$（对称耦合）。

(4) Fermi 共振：当一振动的倍频与另一振动的基频接近时，由于发生相互作用而产生很强的吸收峰或发生裂分，这种现象称为 Fermi 共振。

其他的结构因素还有空间效应、环的张力等。

2. 外部因素

外部因素主要指测定时物质的状态以及溶剂效应等因素。

(1) 测定时物质的状态：同一物质的不同状态，由于分子间相互作用力不同，所得到光谱往往不同。分子在气态时，其相互作用力很弱，此时可以观察到伴随振动光谱的转动精细结构。液态和固态分子间作用力较强，在有极性基团存在时，可能发生分子间的缔合或形成氢键，导致特征吸收带的频率、强度和形状有较大的改变。例如，丙酮在气态时的 ν_{C-H} 为 $1742 cm^{-1}$，而在液态时为 $1718 cm^{-1}$。

(2) 溶剂效应：在溶液中测定光谱时，由于溶剂的种类、溶剂的浓度和测定时的温度不同，同一种物质所测得的光谱也不同。通常在极性溶剂中，溶质分子的极性基团的伸缩振动频率随溶剂极性的增加而向低波数方向移动，并且强度增大。因此，在红外光谱测定中，应尽量采用非极性的溶剂。

三、红外光谱仪

目前主要有两类红外光谱仪：色散型红外光谱仪和 Fourier（傅里叶）变换红外光谱仪。本教材仅讨论傅里叶型的红外光谱仪。

傅里叶变换红外光谱仪没有色散元件，主要由光源（硅碳棒、高压汞灯）、迈克尔逊干涉仪、检测器、计算机和记录仪组成。

核心部分为迈克尔逊干涉仪，其作用是实现干涉图的等间隔取样、动镜速度和移动距离的监控和采样初始位置的确定。它将光源来的信号以干涉图的形式送往计算机进行傅里叶变换的数学处理，最后将干涉图还原成光谱图。图 2-9 为迈克尔逊干涉仪的结构。

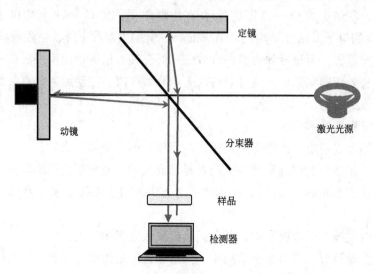

图 2-9 迈克尔逊干涉仪的结构

傅里叶变换红外光谱仪的特点有以下几点。

（1）扫描速度极快：傅里叶变换红外光谱仪在扫描的同时测定所有频率的信息，一般只要 1s 左右即可。

（2）具有很高的分辨率：通常傅里叶变换红外光谱仪分辨率达 $0.10 \sim 0.005 \mathrm{cm}^{-1}$。

（3）灵敏度高：可在短时间内进行多次扫描，使样品信号累加、储存，样品量可以少到 $10^{-9} \sim 10^{-11} \mathrm{g}$。

傅里叶变换红外光谱仪的特点使得它可用于快速化学反应的追踪、研究瞬间的变化，同时又特别适合与各种仪器联机，如与色谱仪联用的 GC-FTIR，与超临界色谱联用的 SFC-FTIR，与热重联用的 FTIR-TGA，因而发展迅速，并逐步取代色散型红外光谱仪。

四、实验技术

针对不同状态和性质的试样，采用相应的制备方法，是获取一张高质量的红外光谱的关键。

在选择制样方式时，首先要了解样品的物化性质。样品纯度应＞98％，纯度不够的，要进行提纯处理；含有水分和溶剂的样品要先进行干燥处理；不稳定样品要避免使用压片法。制样过程中，要避免空气中的水分、二氧化碳和其他污染物的混入。

（1）气体样品的制样：气体样品一般使用气体池进行测定。气体池长度和光程可以调整。气体池的两端黏合有透红外线的盐基窗片，窗片的材质一般是氯化钠或溴化钾。进样时，先将池体抽成真空，然后导入测试气体至所需压力，即可进行测量。具体可参见仪器附带的气体池使用说明。

(2) 液体样品的制样：液体试样根据其样品性质的不同，可分为两种：液膜法和溶液法。

对高沸点难挥发的液体，可采用液膜法。液膜法是在两个窗片之间，滴上1~2滴液体试样，形成一层薄的液膜用于测定。

溶液法是将试样溶在红外溶剂中，然后注入固定池中进行测定。该法特别适于定量分析。在使用溶液法时，必须特别注意红外溶剂的选择。分子简单的非极性溶剂如四氯化碳和二硫化碳最为常用，极性较强的三氯甲烷，因其溶解能力较强也广为应用。

(3) 固体样品的制样：固体样品的制样在红外光谱分析中最重要，主要有糊状法、压片法、薄膜法、反射法等，其中尤以糊状法、压片法和薄膜法最为常用。本书就介绍压片法的制样过程。

压片法是把固体试样分散在碱金属卤化物，如溴化钾和氯化钠等中，压成透明薄片后进行测定。操作步骤如下：取约 0.5~2mg 固体试样于玛瑙研钵中，在红外灯下研磨成细粉，加约 100~200 倍质量干燥的溴化钾一起研磨至 $2\mu m$ 以下，然后移入压模的底模片上，小心放入顶模，并用顶模施压旋动使粉末分布均匀铺平，将装配好的模具放在油压机下，加压至 15×10^3~$20\times10^3 Pa$ 左右，维持 5min。放气泄压后，取出模具，用顶样器顶出锭片，得一透明圆形锭片。

附录 2-7　使用原子吸收分光光度计的安全防护

一、仪器操作中紧急情况的处理

(1) 停电时，必须迅速关闭燃气，然后再将各部分控制机构恢复至操作前的状态。

(2) 操作时，嗅到乙炔（或石油气）气味，可能有管道或接头漏气，应立即关闭燃气，室内通风，避免明火，进行检查。

(3) 火焰明暗不稳，可能是燃气、助燃气比例不对，或燃气严重污染，应立即关闭燃气进行处理。

(4) 指示读数突然波动，应立即关闭电源，检查有关电气部件和电源电压变动情况。

二、防止回火

(1) 防止废液排出管漏气，出口处应水封。

(2) 燃烧器狭缝不能过宽。对 100mm×0.5mm 的狭缝燃烧器，当狭缝宽度大于 0.8mm 时，就有发生回火的危险。

(3) 用氧化亚氮-乙炔火焰时，乙炔流量不能过小（不小于 $2L\cdot min^{-1}$）。

(4) 当从空气-乙炔火焰变换为氧化亚氮-乙炔火焰时，注意不能使乙炔气流量过小。

(5) 助燃气与乙炔流量比例不能相差过大。

三、通风

在仪器的原子化器上方，应安装耐腐蚀材料制作的排风罩及通风管道，排风罩离仪器排烟窗口约为 20~30cm，排气量约 1700~2500L·min^{-1}，不宜过大或过小。简单的测试方法是在风罩旁点燃香烟的烟雾能流畅地进入风罩，室外的出口管道应弯曲向下，防止空气倒流。

四、清洁

原子吸收法测定的一般是微量成分，要特别注意防止污染、挥发和吸附损失，实验环境和器皿对测定影响很大，应注意环境的清洁和器皿的干净。

附录 2-8　高压钢瓶的使用

1. 高压钢瓶应放置阴凉、干燥处，远离热源（阳光、暖气、炉火等），以免内压增大造成漏气，发生爆炸。

2. 搬运高压钢瓶要轻、稳，要旋上瓶帽，放置牢靠。

3. 使用时需装减压阀，为保证安全，安装时减压阀有左旋、右旋之分，各种气压表一般不可混用，开启时应避免站立在减压阀的正面及出口处，并缓慢开启，以免发生事故。

4. 开启高压钢瓶气体出口阀门前，减压阀应在左旋到最松位置上（减压阀关闭），然后开启钢瓶出口阀，再右旋减压阀调节螺杆，使低压力表指示在需输出的压力，否则会因高压气流的冲击而使调压阀门失灵。

5. 连接乙炔气的管道和接头禁止用紫铜管制作，否则易生成乙炔铜引起爆炸。

6. 绝不允许将油或其他易燃性有机物沾染在钢瓶上（特别是出口和气压表上）。

7. 不可将旧瓶内气体用尽，应有一定的剩余残压，以防重灌时有危险。

8. 为避免各种钢瓶混淆，瓶身应按规定涂色和写字。

9. 定期检验，合格后方可使用。

第三章　电化学分析法

第一节　概　述

一、电化学分析法及其分类

研究化学能与电能之间的相互转变以及和该过程有关的定律和规则的一门学科——电化学。

利用物质的电化学性质来测定物质组成和含量的分析方法——电化学分析法（electroanalytical methods）。它通常是使待分析的试样溶液构成一化学电池（电解池或原电池），然后根据所组成电池的某些物理量（如两电极间的电位差，通过电解池的电流或电量，电解质溶液的电阻等）与其化学量之间的内在联系来进行测定。因而电化学分析法可以分为三种类型。

第一类：通过试液的浓度在某一特定实验条件下与化学电池中某些物理量的关系来进行分析的方法。主要有电位分析、电导分析、库仑分析及伏安分析。

第二类：以电物理量的突变作为滴定分析中终点的指示。主要有电位滴定、电流滴定及电导滴定，所以又称为电容量分析。

第三类：电重量分析，将试液中某一待测组分通过电极反应转化为固相（金属或其氧化物），然后由工作电极上析出的金属或其氧化物的质量来确定该组分的量，也称电解分析法。

二、电化学分析法的特点及发展趋势

近年来，电化学分析在方法、技术和应用方面得到长足发展，并呈蓬勃上升的趋势。

方法上：追求超高灵敏度和超高选择性的倾向导致由宏观向介观到微观尺度迈进，出现了不少新型的电极体系。

技术上：随着表面科学、纳米技术和物理谱学的兴起，利用交叉学科方法将声、光、电、磁等功能有机地结合到电化学界面，从而达到实时、现场和活体监测的目的以及分子和原子水平。

应用上：侧重生命科学领域中有关问题研究，如生物、医学、药物、人口与健康等，为解决生命现象中的某些基本过程和分子识别作用显示出潜在的应用价值，以引起生物学界的关注。

第二节　实　验　内　容

实验 3-1　皮蛋的pH 值测定

一、实验目的

1. 了解电位法测定 pH 值的原理。

2. 了解 pH 计的使用方法及性能。

3. 掌握电位法测定 pH 值的实验技术。

二、实验原理

制作皮蛋（松花蛋）的主要原料为鸭蛋、纯碱、石灰等。在一定条件下，经过一定周期即制得皮蛋。此时由于碱的作用，形成了蛋白及蛋清凝胶。

测定皮蛋水溶液的 pH 值时，由玻璃电极作为氢离子活度的指示电极，饱和甘汞电极作为参比电极，它们与待测液（皮蛋水溶液）组成工作电池，其电池可表示为：

$$Ag,\ AgCl\ |\ HCl(0.1mol \cdot L^{-1})\ |\ 玻璃膜\ |\ 试液\ \|\ KCl(饱和)\ |\ Hg_2Cl_2,\ Hg$$

电池电动势在不考虑液体接界电位及不对称电位时，可表示为：

$$E_{电池} = E_{SCE} - E_G$$

而

$$E_G = E_{AgCl/Ag} + K - 0.0592pH$$

故

$$E_{电池} = E_{SCE} - K - E_{AgCl/Ag} + 0.0592pH$$

令 $E_{SCE} - K - E_{AgCl/Ag} = K'$，则上式为

$$E_{电池} = K' + 0.0592pH$$

K' 为常数，包括不对称电位、液接电位及内外参比电极电位。这样通过测定电池的电位即可确定溶液的 pH 值。本实验测定步骤为：先用 pH 值已知的标准缓冲溶液定位，使酸度计指示该溶液的 pH 值。经过校正定位后的酸度计，即可用来直接测定样品的 pH 值。其测定方法可用标准曲线法或标准加入法。在测试中，pH 范围应用 pH 缓冲液定值在 5～8。对于干扰元素（Al、Fe、Zr、Th、Mg、Ca、Ti 及稀土）通常可用柠檬酸、EDTA、DCTA、磺基水杨酸等掩蔽。阴离子一般不干扰测定。加入总离子强度调节缓冲剂能控制酸度、掩蔽干扰、调节离子强度。

三、仪器与试剂

1. 仪器

pHS-4 型酸度计；甘汞电极、pH 玻璃电极；磁力搅拌器；组织捣碎机。

2. 试剂

pH 标准缓冲溶液。

四、实验步骤

1. 试样处理

将皮蛋洗净、去壳。按皮蛋：水的比例 2∶1 加入水，在组织捣碎机中捣成匀浆。

2. 测定

称取匀浆样 15g（相当于样品 10g），加水搅匀，稀释至 150mL，用双层纱布过滤，取此滤液 50mL 放到酸度计上测取读数。

五、数据处理

平均值 pH＝（pH$_1$＋pH$_2$＋…）/N

平均偏差 $\sigma = \sum (pH_i - pH)/N$

六、思考题

1. 在测试中为什么强调试液与标准缓冲溶液的温度相同？

2. 在 pH 测定时，用标准缓冲溶液定位的目的是什么？标准缓冲溶液可否重复使用？

3. 怎样开机鉴定酸度计是否正常？

4. 在测试中，试液搅拌、不搅拌有何不同？

实验 3-2　氟离子选择性电极法测定自来水中氟含量（标准曲线法）

一、实验目的

1. 巩固离子选择性电极法的理论知识。

2. 了解用氟离子选择性电极测定水中微量氟的原理和方法。

3. 了解总离子强度调节缓冲溶液的意义和作用。

4. 学会标准曲线法测定水中微量氟离子的方法。

5. 练习使用 pHS-4 型酸度计测量水中的 pF 值。

二、实验原理

氟是人体必需的微量元素，摄入适量的氟有利于牙齿的健康。但摄入过量对人体有害，轻者造成斑釉牙，重者造成氟胃症。

测定溶液中的氟离子，一般由氟离子选择性电极作指示电极，饱和甘汞电极作参比电极。它们与待测液组成电池，可表示为：

$Ag, AgCl \mid NaF(0.1mol \cdot L^{-1}), NaCl(0.1mol \cdot L^{-1}) \mid LaF_3$ 电极膜 $\parallel KCl$（饱和）$\mid Hg_2Cl_2, Hg$

其电池电动势为

$$E_{电池} = E_{SCE} - E_F$$

而

$$E_F = E_{AgCl/Ag} + K - \frac{RT}{F}\ln a_{F^-}$$

因此

$$E_{电池} = E_{SCE} - E_{AgCl/Ag} - K + \frac{RT}{F}\ln a_{F^-}$$

令 $K' = E_{SCE} - E_{AgCl/Ag} - K$ 可得：

$$E_{电池} = K' + \frac{RT}{F}\ln a_{F^-}$$

在 25℃时，$E_{电池}$ 表示为：

$$E_{电池} = K' + 0.0592\lg a_{F^-} = K' - 0.0592pF$$

式中，K' 为含有内外参比电极电位及不对称电位的常数。pF 为 F^- 浓度的负对数。

这样通过测定电位值，便可得到 pF 的对应值。本实验采用工作曲线法。工作曲线法是指配制一系列已知浓度的含 F^- 标准溶液，加入总离子强度调节缓冲剂，得相应的 E 值，作 E-pF 工作曲线。未知样品测得 E 值后，在工作曲线上查出对应的 pF，即得分析结果。

当 F 离子浓度在 $10^{-1} \sim 10^{-5} mol \cdot L^{-1}$ 范围内时，氟电极电位与 pF 呈直线关系，可用标准曲线法或标准加入法进行测定。

氟电极只对游离的 F^- 有响应，在酸性溶液中，H^+ 与部分 F^- 形成 HF 或 HF_2^-，会降低 F^- 的浓度。在碱性溶液中，LaF_3 薄膜与 OH^- 发生交换作用而使溶液中 F^- 浓度增加，因此溶液的酸度对测定有影响，电极适宜于测定的 pH 值范围为 5～7。

氟电极的最大优点是选择性好。除能与 F^- 生成稳定络合物或难溶沉淀的元素（如 Al、

Fe、Zr、Th、Ca、Mg、Li 及稀土元素等）会干扰测定外，10^3 倍以上的 Cl^-、Br^-、HCO_3^-、NO_3^-、Ac^-、$C_2O_4^{2-}$ 等阴离子均不干扰。加入总离子强度调节缓冲剂，可以起到控制一定的离子强度和酸度，以及掩蔽干扰离子等多种作用。

三、仪器与试剂

1. 仪器

pHS-4 型酸度计；pF-1 型氟离子选择性电极；232 型甘汞电极；电磁搅拌器。

2. 试剂

$100\mu g \cdot mL^{-1}$ F^- 贮备液；$10\mu g \cdot mL^{-1}$ F^- 稀释液；0.1%溴甲酚绿溶液；$1mol \cdot L^{-1}$ HNO_3 溶液；$2mol \cdot L^{-1}$ NaOH 溶液。

3. 标准溶液配制

（1）$100\mu g \cdot mL^{-1}$ F^- 标准储备液：将试剂 NaF（A. R.）在 120℃下烘干两小时，冷却称取 0.2210g 溶于去离子水中，转入 1000mL 容量瓶中，稀释至刻度，储于聚乙烯瓶中。

（2）$10\mu g \cdot mL^{-1}$ F^- 标准稀释液：吸取储备液 10.00mL 于 100mL 容量瓶中，用去离子水稀释至刻度。

（3）总离子强度调节缓冲液：于 1000mL 烧杯中，加入 500mL 去离子水和 57mL 冰醋酸、58gNaCl、12g $Na_3C_6H_5O_7 \cdot 2H_2O$（柠檬酸钠），搅拌至溶解。将烧杯放在冷水浴中，缓缓加入 $6mol \cdot L^{-1}$NaOH 溶液，直至 pH 值在 5.0~5.5（约 125mL，用 pH 计检查），冷至室温，转入 1000mL 容量瓶中，用去离子水稀释至刻度。

四、实验步骤

1. 氟电极的准备

氟电极使用前，在纯水中浸泡数小时或过夜，或在 $10^{-3}mol \cdot L^{-1}$NaF 溶液中浸泡 1~2h，再用去离子水洗到空白电位。

2. 标准曲线法

（1）吸取 $10\mu g \cdot mL^{-1}$ F^- 标准稀释液 0.00mL、0.50mL、1.00mL、2.00mL、3.00mL、4.00mL，分别放入六个 50mL 容量瓶中，加入 0.1%溴甲酚绿溶液 1 滴，加 $2mol \cdot L^{-1}$ NaOH 溶液至溶液由黄变蓝，再加 $1mol \cdot L^{-1}$HNO_3 溶液至恰变黄色。加入总离子强度调节缓冲溶液 10mL，用去离子水稀释至刻度，摇匀，即得 F^- 溶液的标准系列。

（2）将标准系列溶液由低浓度到高浓度依次转入塑料烧杯中，插入氟电极及参比电极，用电磁搅拌器搅拌 4min 后，停止搅拌半分钟，开始读取平衡电位，然后每隔半分钟读一次数，直到 3min 不变为止，并将结果填入下表。

容量瓶编号	0	1	2	3	4	5
$c/\mu g \cdot mL^{-1}$	0.00	0.10	0.20	0.40	0.60	0.80
E						

以氟离子浓度 $c(\mu g \cdot mL^{-1})$ 为横坐标，相应的 E 数为纵坐标在半对数坐标纸上作图，即得标准曲线。或在普通坐标上，作 E-pF 图。

（3）吸取含氟量<$5mg \cdot L^{-1}$ 的水样 25.00mL（若含量较高，应稀释后再吸取）于 50mL 容量瓶中，加 0.1%溴甲酚绿溶液 1 滴，加 $2mol \cdot L^{-1}$ NaOH 溶液至由黄变蓝，再加

$1mol \cdot L^{-1}$ HNO_3 溶液至由蓝恰变黄色，加入总离子强度调节缓冲溶液 10mL，用去离子水稀释至刻度，摇匀。在与标准曲线相同的条件下测定电位，从标准曲线上查出 F^- 浓度 $c_x (\mu g \cdot mL^{-1})$。

五、数据处理

标准曲线法：水中氟的含量可由下式计算。

$$氟含量(\mu g \cdot mL^{-1}) = \frac{c_x \times 50.00}{25.00}$$

式中　　c_x——从标准曲线上查得的水样氟含量，$\mu g \cdot mL^{-1}$。

六、注意事项

1. 电极在使用前应按要求进行活化、清洗，电极敏感膜应保持清洁和完好，切勿沾污或受到机械损伤。

2. 测定时应按溶液从稀至浓的次序进行。在浓溶液中测定后应立即用去离子水将电极清洗到空白电位值，再测定稀溶液，否则将严重影响电极寿命和测量准确度（有迟滞效应），电极不宜在浓溶液长时间浸泡，以免影响检出下限。

3. 电极使用后，应清洗至其电位为空白电位值，擦干，按要求保存。

七、思考题

1. 用氟电极测定 F^- 浓度的原理什么？

2. 用氟电极测得的是 F^- 浓度还是活度？如果要测定 F^- 的浓度，应该怎么办？

3. 氟电极在使用前应该怎样处理？达到什么要求？

4. 为什么实验中要加入总离子强度调节缓冲溶液？

5. 在加入总离子强度调节缓冲溶液前，为什么要先加入溴甲酚绿指示剂，并加入 NaOH 溶液和 HNO_3 溶液？

八、注释

1. 总离子强度调节缓冲溶液，通常由惰性电解质、金属络合剂（作掩蔽剂）及 pH 缓冲剂组成。根据试样的不同情况配加不同的总离子强度调节缓冲溶液，不同的总离子强度调节缓冲溶液掩蔽干扰离子的效果不同，而且影响电极的灵敏度。

2. 氟电极的空白电位，即电极在不含 F^- 的去离子水中的电位。

3. 如果水样含氟很低，可用更稀 NaF 标准溶液配制标准系列，绘制标准曲线。

4. 如果测定的是自来水，则不必加指示剂和进行 pH 值调节，直接就可以加入总离子强度调节缓冲溶液。

5. 电位平衡时间随 F^- 浓度减小而延长。在同一数量级内测定水样，一般在几分钟内可达到平衡。在测定中，待平衡电位在 3min 内无明显变化即可。达到平衡电位所需时间与电极状况、溶液温度等有关。

实验 3-3　氟电极测定食品中氟（标准加入法）

一、实验目的

1. 巩固离子选择性电极法的理论知识。

2．了解用氟离子选择性电极测定水中微量氟的原理和方法。

3．了解总离子强度调节缓冲溶液的意义和作用。

4．学会标准曲线法测定水中微量氟离子的方法。

5．练习使用 pHS-4 型酸度计测量水中的 pF 值。

二、实验原理

氟对人体的影响在实验 3-2 中已介绍，由于氟是自然界分布较为广泛的元素之一，对我们所摄用的各类食品均有一定的污染，污染的主要来源是工业三废的排放，含氟农药的使用，以及食品烘干、加工、储藏过程中氟的引入等。食品中氟的允许量为：粮食≤1.0mg·kg^{-1}；豆类≤1.0mg·kg^{-1}；蔬菜≤1.0mg·kg^{-1}；水果≤1.0mg·kg^{-1}；肉类、鱼类≤2.0mg·kg^{-1}；蛋类≤1.0mg·kg^{-1}。本测定方法适用于粮食、蔬菜、水果、豆类及其制品。

由饱和甘汞电极和氟离子选择性电极与待测液组成电池，其电位测定原理同实验 3-2。

本实验采用标准加入法测定食品中的氟。先用待测液测定电位得 E_1，设 S 为电极斜率，a_x 为未知溶液的活度，V_x 为体积，则电位与活度间关系为：

$$E_1 = K' + S\lg a_x$$

然后向待测液中加入活度为 a_s 的标准溶液 V_x（mL），测得 $E_2(V_s \ll V_x)$。

则

$$E_2 = K'_2 + S\lg (a_s V_s + a_x V_x)/(V_x + V_s)$$

同一电极 $K' = K'_2$，这样两次测量电位差：

$$\Delta E = E_2 - E_1 = S\lg \frac{a_s V_s + a_x V_x}{V_x + V_s} \qquad 又 V_s \ll V_x$$

则

$$V_x + V_s = V_x$$

整理得

$$a_x = \frac{a_s V_s}{V_x} (10^{\Delta E/S} - 1)^{-1}$$

离子强度保持一致，上式可写为：

$$c_x = \frac{c_s V_s}{V_x} (10^{\Delta E/S} - 1)^{-1}$$

式中，c_x 为未知样浓度；c_s 为标准液浓度；V_x、V_s 分别为未知液和标准液加入体积；ΔE 为两次测量电位差；S 为电极斜率。

通过测定 ΔE 和 S 值，控制 V_x、V_s、c_x 即可求出未知液 c_x。

三、仪器与试剂

1．仪器

pHS-4 型酸度计；氟电极；饱和甘汞电极；电磁搅拌器。

2．试剂

精确称 0.5220g 经 100℃ 干燥 4h 的氟化钠（A．R．），溶于水，并移入 25mL 容量瓶中，稀释至刻度，此液含氟量为 50μg·mL^{-1} 作为标准添加试液。其他溶液的配制同实验 3-2。

四、实验步骤

1．试样处理

称取 2.00g 经粉碎并通过 40 目筛的食品样品，置于 50mL 容量瓶中，加 10mL 1mol·

L^{-1}盐酸，密闭浸泡 1h（不时轻轻摇动），应尽量避免样品粘于瓶壁上。提取后加 25mL 总离子强度调节剂，加水稀释至刻度，混匀备用。

2. 操作

取上述试样置于 100mL 聚乙烯塑料杯中，将氟电极与饱和甘汞电极插入试液中，启动搅拌器搅拌 10～30min，于静态读取毫伏数 E_1，然后在试样杯中加入 0.5mL 氟标准添加液，搅拌 10min 后测得毫伏数为 E_2。

五、注意事项

1. 使用氟电极应使电极在蒸馏水或 10^{-3} mol·L^{-1}以下 NaF 溶液中浸泡 1h 以上，使其在纯水中的空白电位值在 -340mV 左右。

2. 氟电极允许使用的 pH 值范围为 5～9。适宜于 pH5～7，这一点请在测试中注意。

3. 试液中 Al^{3+} 对测定 F^- 有严重干扰，钙、镁、铁、硅等有一定的干扰。

六、数据处理

$$X = \frac{A_3 1000}{m_3 1000}$$

$$A_3 = \frac{c_s V_s}{V_x}(10^{\Delta E/S} - 1)^{-1}$$

式中，X 为样品中含 F 量，mg·kg^{-1}；A_3 为测定时 F 含量，μg；m_3 为样品质量，g；c_s 为 F 标准添加液浓度，50μg·mL^{-1}；V_s 为 F 标准添加液体积，0.5mL；V_x 为试样体积，50mL；ΔE 为两次测量电位差，$\Delta E = E_2 - E_1$；S 为电极斜率。

七、思考题

1. 为什么 F^- 选择性电极在使用前需浸泡？

2. 使用 F^- 电极时 pH$<$5 和 pH$>$9 时会出现什么情况？

3. 总离子强度缓冲剂中的柠檬酸钠是起什么作用的？

4. F^- 电极在使用前强调其在纯水中的电位值为 -340mV 左右是什么意思？

实验 3-4　$KMnO_4$ 溶液电位滴定Fe^{2+}溶液

一、实验目的

熟悉电位滴定法的操作。

二、仪器与试剂

1. 仪器

pHS-4 型酸度计；216 型铂电极；217 型带盐桥套管的甘汞电极；电磁搅拌器；移液管 25mL；微量滴定管；100mL 量筒。

2. 试剂

0.02mol·L^{-1} $KMnO_4$ 标准溶液；0.01mol·L^{-1} $FeSO_4$ 待测液；10%的 H_2SO_4。

三、实验步骤

1. 准确吸取 25mL $FeSO_4$ 待测液于 250mL 烧杯中，以 10% H_2SO_4 稀释至 100mL。

2. 铂电极预处理，将铂电极浸在热的浓硝酸中数分钟，然后蒸馏水冲洗干净，给甘汞电极的盐桥管里充注饱和 KCl 溶液。

3. 电位计采用 pHS-4 型酸度计。当仪器的"pH-MV"开关指在＋MV 挡时，pHS-4 型酸度计就成为一台高输入阻抗的毫伏计。

4. 插入电极时，甘汞电极接入玻璃电极插孔，铂电极接入接线柱上。

5. 开始搅拌，按下读数开关，读出指示值。

6. 加入 $KMnO_4$ 1.00mL，测电动势，记录。如此连续操作。

7. 当电动势变化较大时，改为每加 0.10mL 滴定剂读一次电位值。

四、数据处理

1. 运用二阶微商法求出终点体积。

2. 计算待测液的溶度。

五、思考题

1. 写出滴定反应的方程式，铂电极是否参与反应？此时铂电极属于哪种类型的电极？

2. 通过实验操作，体会电位滴定法有哪些特点（与指示剂法比较）？

实验 3-5 电位滴定法测定酱油中氨基酸态氮的含量

一、实验目的

1. 掌握滴定法测定氨基酸总量的原理。

2. 了解电位滴定法确定酸碱滴定终点原理。

3. 熟练使用酸度计。

二、实验原理

氨基酸含有酸性的—COOH，也含有碱性的—NH_2。它们互相作用使氨基酸成为中性的内盐。加入甲醛溶液时，—NH_2 与甲醛结合，其碱性消失。这样就可以用碱来滴定—COOH，并用间接的方法测定氨基酸的含量。将酸度计的玻璃电极及甘汞电极（或复合电极）插入被测液中构成电池，用碱液滴定，根据酸度计指示的 pH 值判断和控制滴定终点。

三、仪器与试剂

1. 仪器

酸度计、复合玻璃电极、磁力搅拌器、烧杯（200mL）、微量滴定管（10mL）。

2. 试剂

20%中性甲醛；0.05mol·L^{-1}氢氧化钠标准溶液；pH6.18 标准缓冲溶液。

四、实验步骤

1. 仪器校正

开启酸度计电源，预热 30min，连接复合电极。选择适当 pH 的缓冲溶液，测量缓冲溶液的温度，调节温度补偿旋钮至实际温度。将电极浸入缓冲溶液中，调节定位旋钮，使酸度计显示的 pH 值与缓冲溶液的 pH 值相符。校正完后定位调节旋钮不可再旋动，否则必须重新校正。

2. 样品处理

准确称取约 5.0g 酱油试样，置于 100mL 容量瓶中，加水至刻度，混匀后吸取 20.0mL，置于 200mL 烧杯中，加 60mL 水，开动电磁搅拌器，用氢氧化钠标准溶液 $[c(NaOH)=0.050mol \cdot L^{-1}]$ 滴定至酸度计指示 pH8.2，记下消耗氢氧化钠标准滴定溶液 $(0.05mol \cdot L^{-1})$ 的体积，可计算总酸含量。

3. 氨基酸的滴定

在上述滴定至 pH8.2 的溶液中加入 10.0mL 甲醛溶液，混匀。再用氢氧化钠标准滴定溶液 $(0.05mol \cdot L^{-1})$ 继续滴定至 pH9.2，记下消耗氢氧化钠标准滴定溶液 $(0.05mol \cdot L^{-1})$ 的体积 (V_1)。

4. 空白实验

同时取 80mL 蒸馏水置于另一 200mL 烧杯中，先用 $0.05mol \cdot L^{-1}$ 氢氧化钠标准溶液滴至 pH8.2（此时不记碱消耗量），再加入 10.0mL 中性甲醛溶液，混匀。用 $0.05mol \cdot L^{-1}$ 的氢氧化钠标准溶液继续滴定至 pH9.2，记录消耗氢氧化钠标准溶液的体积 (V_2)。此为试剂空白实验。

五、数据处理

$$氨基酸态氮(\%) = \frac{(V_1 - V_2) \times c \times 0.014}{m \times 20/100} \times 100\%$$

式中　V_1——样品稀释液在加入甲醛后滴定至终点（pH9.2）所消耗的氢氧化钠标准溶液的体积，mL；

　　　V_2——空白实验在加入甲醛后滴定至终点（pH9.2）所消耗的氢氧化钠标准溶液的体积，mL；

　　　c——氢氧化钠标准溶液的浓度，$mol \cdot L^{-1}$；

　　　m——测定用样品溶液相当于样品的质量，g；

　　0.014——氮的质量浓度，$mg \cdot mol^{-1}$。

六、注意事项

1. 标准 pH 缓冲液按规定配置好以后为避免其 pH 值会发生变化，存放时间不应过长，否则将直接影响到滴定终点，最终导致检测结果的不准确。

2. 久置的复合电极初次使用时，一定要先在饱和 KCl 中浸泡 24h 以上。

3. 本法准确快速，可用于各类样品游离氨基酸含量测定。

4. 对于浑浊和色深样液可不经处理而直接测定。

实验 3-6　库仑滴定测定维生素 C 片中抗坏血酸的含量

一、实验目的

1. 学习和掌握库仑滴定法的基本原理。

2. 学习库仑滴定仪的使用和滴定操作。

3. 学会用库仑滴定法测定维生素 C 的方法。

二、实验原理

库仑滴定法是建立在控制电流电解法基础上的一种准确而灵敏的分析方法，常用于微量组分及痕量组分的物质测定。与待测物质起定量反应的"滴定剂"是由辅助电解质在工作电极上发生电极反应而产生的，其滴定终点借指示剂或电化学方法指示。根据滴定终点时所耗电量，由法拉第电解定律计算出产生"滴定剂"的量，从而计算出被测物质的量。

本实验是恒电流库仑滴定法，是以强度一定的电流通过电解池，通过阳极电极反应电解电解液中的 KI，产生滴定剂 I_2，I_2 与被测样品中维生素 C 发生定量化学反应，用双指示电极电流法确定滴定终点。当被测物质作用完后，指示灯亮，记录滴定终点时电解所消耗的电量，根据法拉第定律计算维生素 C 含量。

$$W = QM/nF$$

式中，M 为维生素 C 分子量（176.13）；Q 为消耗电量，mQ；n 为电子数（2.00）；F 为法拉第常数，$F = 96485C \cdot moL^{-1}$；$W$ 为样品中维生素 C 质量，mg。

库仑法滴定过程的反应可表示如下。

阳极反应：$2I^- - 2e^- \rightleftharpoons I_2$

阴极反应：$I_2 + 2e^- \rightleftharpoons 2I^-$

化学反应：抗坏血酸 $+ I_2 =$ 脱氢抗坏血酸 $+ 2I^- + 2H^+$

三、仪器与试剂

1. 仪器

KTL-1 型通用库仑仪（江苏电分析有限公司）；GSP-805 型圆盘搅拌器（江苏电分析仪器电子设备分厂）。

2. 试剂

$1mol \cdot L^{-1}$ 碘化钾溶液；维生素 C 溶液；去离子水。

3. 标准试剂配制

$1mol \cdot L^{-1}$ 碘化钾溶液的配制：称取 83.005g 碘化钾定容于 500mL 容量瓶中。

四、实验步骤

1. 样品准备

取维生素 C10 片，研成粉末，混匀。精确到 1.0g 置 500mL 容量瓶中，加冰醋酸溶液 5mL，用水稀释至刻度，超声溶解，过滤，滤液作样品溶液。

2. 预电解

在电解池中加入 5mL $1mol \cdot L^{-1}$ 碘化钾，加少量（1 滴）维生素 C 溶液和 45mL 去离子水，混匀后作电解液，开动搅拌，选择电流 10mA 并调节仪器的终点指示为电流上挡，按下启动和电解键，此时终点指示灯灭，按下工作键开始电解。滴定终点时指示灯亮，此时电解池中的还原物质通过预电解除去。

3. 样品中维生素 C 含量的测定

在预电解后的电解池中准确加入 2.00mL 样品溶液，开动搅拌器，按下工作键进行恒定电流电解，滴定终点时指示灯亮，记录电解消耗的电量，通过法拉第定律计算。

五、数据处理

根据法拉第定律计算维生素 C 含量。

$$W = QM/nF$$

式中，M 为维生素 C 分子量（176.13）；Q 为消耗电量，mQ；n 为电子数（2.00）；F 为法拉第常数，$F = 96485C \cdot moL^{-1}$；$W$ 为样品中维生素 C 质量，mg。

六、思考题

1. 双铂片电极为何能指示滴定终点？
2. 讨论本实验可能产生的误差来源及其预防措施。

第三节 附 录

附录 3-1 酸度计的使用

一、安装

1. 电源的电压与频率必须符合仪器铭牌上所指明的数据，同时必须接地良好，否则在测量时可能指针不稳。

2. 仪器配有玻璃电极和甘汞电极。将玻璃电极的胶木帽夹在电极夹的小夹子上。将甘汞电极的金属帽夹在电极夹的大夹子上。可利用电极夹上的支头螺丝调节两个电极的高度。

3. 玻璃电极在初次使用前，必须在蒸馏水中浸泡 24h 以上。平常不用时也应浸泡在蒸馏水中。

4. 甘汞电极在初次使用前，应浸泡在饱和氯化钾溶液内，不要与玻璃电极同泡在蒸馏水中。不使用时也浸泡在饱和氯化钾溶液中或用橡胶帽套住甘汞电极的下端毛细孔。

5. 目前实验室使用的电极都是复合电极。其优点是使用方便，不受氧化性或还原性物质的影响，且平衡速度较快。使用时，将电极加液口上所套的橡胶套和下端的橡皮套全取下，以保持电极内氯化钾溶液的液压差。

二、校整

1. 仪器在连续使用时，每天要标定一次。

2. 在测量电极插座处拔去 Q9 短路插头，在测量电极插座处插上复合电极；如不用复合电极，则在测量电极插座处插上电极转换器的插头。玻璃电极插头插入转换器插座处，参比电极接入参比电极接口处。

3. 电源接通后，按"pH/mV"按钮，使仪器进入 pH 测量状态，预热 30min。

4. 按"温度"按钮，使显示为溶液温度值（此时温度指示灯亮），然后按"确认"键，仪器确定溶液温度后回到 pH 测量状态。

5. 把用纯化水清洗过的电极插入 pH＝6.86（25℃）的标准缓冲溶液中，待读数稳定后按"定位"键（此时 pH 指示灯慢闪烁，表明仪器在定位标定状态）使读数为该溶液当时温度下的 pH 值；然后按"确认"键，仪器进入测量状态，pH 指示灯停止闪烁。

6. 把用纯化水清洗过的电极插入 pH4.01(25℃)［或 pH9.18(25℃)］的标准缓冲溶液中，待读数稳定后按"斜率"键（此时 pH 指示灯闪烁，表明仪器在斜率标定状态）使读数为该溶液当时温度下的 pH 值，然后按"确认"键，仪器进入 pH 测量状态，pH 指示灯停止闪烁，标定完成。

7. 重复 5～6 次直至不用再调节定位或斜率两调节旋钮，仪器显示数值与标准缓冲溶液 pH 值之差≤±0.02 为止。

三、测量

1. 将电极上多余的水珠吸干或用被测溶液冲洗两次，然后将电极浸入被测溶液中，并轻轻转动或摇动小烧杯，使溶液均匀接触电极。

2. 被测溶液的温度应与标准缓冲溶液的温度相同。

3. 校整零位，按下读数开关，指针所指的数值即是待测液的 pH 值。

4. 测量完毕，放开读数开关后，指针必须指在 pH7 处，否则重新调整。

5. 关闭电源，冲洗电极，并按照前述方法浸泡。

四、注意事项

1. 防止仪器与潮湿气体接触。潮气的浸入会降低仪器的绝缘性，使其灵敏度、精确度、稳定性都降低。

2. 玻璃电极小球的玻璃膜极薄，容易破损。切忌与硬物接触。

3. 玻璃电极的玻璃膜不要粘上油污，如不慎粘有油污可先用四氯化碳或乙醚冲洗，再用酒精冲洗，最后用蒸馏水洗净。

4. 甘汞电极的氯化钾溶液中不允许有气泡存在，其中有极少结晶，以保持饱和状态。如结晶过多，毛细孔堵塞，最好重新灌入新的饱和氯化钾溶液。

5. 如酸度计指针抖动严重，应更换玻璃电极。

附录 3-2　常用 pH 复合电极的使用与维护

目前实验室使用的电极都是复合电极，其优点是使用方便，不受氧化性或还原性物质的影响，且平衡速度较快。使用时，将电极加液口上所套的橡胶套和下端的橡皮套全取下，以保持电极内氯化钾溶液的液压差。

一、复合电极的使用

1. 复合电极不用时，可充分浸泡在 $3mol \cdot L^{-1}$ 氯化钾溶液中。切忌用洗涤液或其他吸水性试剂浸洗。

2. 使用前，检查玻璃电极前端的球泡。正常情况下，电极应该透明而无裂纹；球泡内要充满溶液，不能有气泡存在。

3. 测量浓度较大的溶液时，尽量缩短测量时间，用后仔细清洗，防止被测液黏附在电极上而污染电极。

4. 清洗电极后，不要用滤纸擦拭玻璃膜，而应用滤纸吸干，避免损坏玻璃薄膜，防止交叉污染，影响测量精度。

5. 测量中注意电极的银-氯化银内参比电极应浸入到球泡内氯化物缓冲溶液中，避免酸度计显示部分出现数字乱跳现象。使用时，注意将电极轻轻甩几下，赶走留在电极里的空气及气泡。

6. 电极不能用于强酸、强碱或其他腐蚀性溶液。

7. 严禁在脱水性介质如无水乙醇、重铬酸钾等中使用。

二、复合电极的维护及保养

1. 很多情况下出现测量不准或无法正常测量都是由电极本身失效或性能下降造成的。

2. 复合电极的保质期为一年，出厂一年后不管是否使用其性能都会受到影响。

3. 第一次使用（护套内无溶液）或长时间停用的 pH 电极在使用前必须在 $3mol \cdot L^{-1}$ 氯化钾溶液中浸泡 24h。

4. 测量完电极插到装有氯化钾溶液的护套中，经常观察电极棒内的氯化钾的量，要及时添加，一般不要少于一半，上部塞子测量时拔出，不测量时塞上。

5. 电极应避免长期浸在蒸馏水、蛋白质溶液和酸性氟化物溶液中，电极避免与有机硅油接触。

6. pH 复合电极的使用，最容易出现的问题是外参比电极的液接界处，液接界处的堵塞是产生误差的主要原因。

三、pH 复合电极是否正常的判断方法

1. 在标定状态下，反应较慢、稳不下来是电极性能下降的体现。

2. 电极电位：把仪器挡位切换到 mV 挡，把电极放入 pH6.86 的标液中，在 0mV 左右为最好，最多在 ±40mV 以内。超出这个范围仪器将不能正常标定，标定会出错。

3. 不同 pH 复合电极的正常范围：6.86pH，（0±40）mV；9.18pH，−120～130mV；4.00pH，170mV 左右。

附录 3-3　不同温度时标准缓冲溶液的 pH 值及配制方法

pH 标准缓冲溶液是 pH 测量的基准，在用 pH 计测量 pH 值时用来校对 pH 计。中华人民共和国计量局颁发了六种 pH 基准缓冲溶液，它们的 pH 值经过精确的标定、核对，是作为 pH 测定的统一标准。目前测定 pH 最常用的标准缓冲溶液是 pH6.86、pH4.00 及 pH9.18 三种。

一、标准缓冲溶液的 pH 值

不同温度下，常用标准缓冲溶液的 pH 值见表 3-1。

表 3-1　不同的温度下常用标准缓冲溶液的 pH 值

温度/℃	pH6.86	pH4.00	pH9.18
10	6.92	4.00	9.33
15	6.90	4.00	9.28
20	6.88	4.00	9.23
25	6.86	4.00	9.18
30	6.85	4.01	9.14
40	6.84	4.03	9.01
50	6.83	4.06	9.02

二、标准缓冲液的配制

1. pH4.00 的标准缓冲液：称取在 105℃干燥 1h 的邻苯二甲酸氢钾 10.12g，加重蒸馏水溶解，并定容至 1000mL。

2. pH6.86 的标准缓冲液：称取在 130℃干燥 2h 的磷酸二氢钾（KH_2PO_4）3.40g，无水磷酸氢二钠（Na_2HPO_4）3.54g，加重蒸馏水溶解并定容至 1000mL。

3. pH9.18 的标准缓冲液：称取硼酸钠（$Na_2B_4O_7 \cdot 10H_2O$）3.81g 加重蒸馏水溶解并

定容至 1000mL。

4. 为了方便配制 pH 标准缓冲液，市场上也有小包装的 pH 标准缓冲液。剪开小包装的 pH 缓冲剂塑料袋，将粉末倒入 100mL 小烧杯中用少量无 CO_2 蒸馏水溶解并转移至 250mL 容量瓶中，以少量无 CO_2 蒸馏水冲洗塑料袋内壁及烧杯，并稀释到刻度，摇匀备用。

三、pH 标准缓冲液的保存

1. pH 标准物质应保存在干燥的地方，如混合磷酸盐 pH 标准物质在空气湿度较大时就会发生潮解，一旦出现潮解，pH 标准物质即不可使用。

2. 配制 pH 标准溶液应使用二次蒸馏水或者是去离子水。如果是用于 0.1 级 pH 计测量，则可以用普通蒸馏水。

3. 配制 pH 标准溶液应使用较小的烧杯来稀释，以减少粘在烧杯壁上的 pH 标准液。存放 pH 标准物质的塑料袋或其他容器，除了应倒干净以外，还应用蒸馏水多次冲洗，然后将其倒入配制的 pH 标准溶液中，以保证配制的 pH 标准溶液准确无误。

4. 配制好的标准缓冲溶液一般可保存 2~3 个月，如发现有浑浊、发霉或沉淀等现象时，不能继续使用。

5. 碱性标准溶液应装在聚乙烯瓶中密闭保存，防止二氧化碳进入标准溶液后形成碳酸，降低其 pH 值。

附录 3-4　KLT-1 型通用库仑仪的结构及使用

库仑分析法是在电解分析法的基础上发展起来的一种分析方法，它不是通过称量电解析出物的重量，而是通过测量被测物质在 100％电流效率下电解所消耗的电量来进行定量分析的方法。库仑分析法具有分析速度快、准确、灵敏、操作简便，易于自动化，试剂可以连续再生使用，仪器不需要标定等特点。

一、仪器主要技术性能与指标

1. 电解电流

50mA、10mA、5mA 三挡连续可调。50mA 挡电量：读数×5mQ；其他两挡电量：读数×1mQ。

2. 主机积分精度

误差小于 0.5％。

3. 分析误差及最小检出量

2mL 进样，分析大于 10mg/L 的标准液时，变异系数小于 1％，回收率大于 95％。

4. 指示电极终点检测方式

可分为指示电极电流法、电位法、等当点上升、等当点下降四种方式，根据电极和电解液任意组选。

5. 结果显示

四位数字直接显示电量（mQ）。

二、仪器原理及方框图

KLT-1 型通用库仑仪的结构及使用原理如图 3-1 所示。

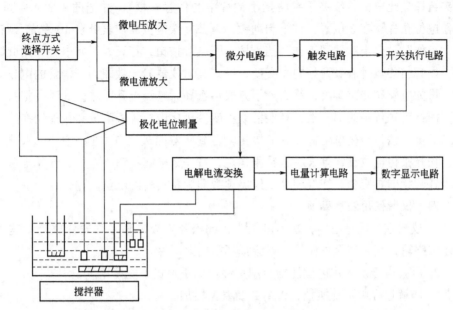

图 3-1　KLT-1 型通用库仑仪仪器原理及方框图

仪器设计根据恒电流库仑滴定的原理，但由于电量的计算采用电流对时间的积分，所以对电解电流的恒定精度不要求很高，由于电压-频率变换采用集成电路，所以计算精度较高，其被分析物质的含量根据库仑定律计算。

$$W = \frac{Q}{96500} \times \frac{M}{n}$$

式中，Q 为电量，C；M 为欲测定物质的分子量；n 为滴定过程中被测离子的电子转移数；W 为欲测物质的质量，g。

仪器的电解池采用了四电极系统：指示电极共三根，电解电极为两根。指示电极由两根相同铂片和一根由砂芯隔离的钨棒电极组成，电流法采用两根相同的铂片组成，电位法由一根铂片和一根由砂芯隔离的钨棒参考电极组成。电解电极由一双铂片和另一根由砂芯隔离的铂丝组成，电解阴极和阳极视哪个是有用电极而定，即有用电极为双铂片，为充分考虑电流效率能达 100%，所以双铂片总面积约 900mm²。以适应做多种元素的库仑分析。仪器由终点方式选择、控制电路、电解电流变换电路、电流对时间的计算电路、数字显示五大部分组成。

三、仪器使用方法

1. 开启电源前所有按键全部释放，"工作"、"停止"开关位置，电解电流量程选择根据样品含量大小、样品量多少及分析精度选择合适的挡，电流微调放在最大位置。一般情况下选 10mA 挡。

2. 开启电源开关，预热 10 分钟，根据样品分析需要及采用的滴定剂，选用指示电极电位法或指示电极电流法，把指示电极插头和电解电极插头插入机后相应插孔内，并夹在相应的电极上。把配好电解液的电解杯放在搅拌器上，并开启搅拌，选择适当转速。

3. 例如电解 Fe^{2+} 测定 Cr^{6+} 时，终点指示方式可选择电位下降法，接好电解电极及指示电极线（此时电解阴极为有用电极，即中二芯黑线接双铂片，红线接铂丝阴极，大二芯黑夹子夹钨棒参比电极，红夹子夹两指示铂片中的任意一根），并把插头插入主机的相应插孔。补偿电位预先调在 3 位置，按下启动键，调节补偿电位器使表针在 40 左右，待指针稍稳定，将"工作"、"停止"置"工作"挡。按一下电解按钮，灯灭，开始电解，则此时开始电解计数。电解至终点时表针开始向左突变，红灯亮，仪器显示数即为所消耗的电量。

再如电解碘测定砷时，终点指示方式可选择"电流上升"法。此时需把夹钨棒的黑夹子夹到两指示铂片中的另一根，其他接线不变。极化电位钟表电位器预先调在 0.4 的位置，按下启动键，按下极化电位键，调节极化电位到所需的极化电位值，使 $50\mu A$ 表头至 $20\mu A$ 左右，松开极化电位键，等表头指针稍稳定，按一下电解按钮，灯灭，开始电解，电解至终点时表针开始向右突变，红灯即亮，仪器读数即为总消耗的电量。

四、仪器使用注意事项

1. 仪器在使用过程中，拿出电极头，或松开电极夹时必须先释放启动键，以使仪器的指示回路输入端起到保护作用，不会损坏机内之器件。

2. 电解电极及采用电位法指示滴定终点的正负极不能接错。

3. 电解过程中不要换挡，否则会使误差增加。

4. 量程选择在 50mA 挡时，电量为读数乘以 5mC，10mA 和 5mA 挡时电量读数即为毫库仑值。

5. 电解电流的选择，一般分析低含量时可选择小电流，但如果电流太小，小于 50mA 以下，有时可能终点不能停止，这主要是等当点突变速率太小，而使微分电压太低不能关闭。

第四章　色谱-质谱分析

第一节　概　　述

一、色谱及其与质谱联用的目的

色谱法是一种重要的分离、分析技术，它是将待分析样品的各组分一一进行分离，然后顺序检测各组分的含量。

色谱法是 1906 年由俄国植物学家茨维特（M. Tswett）创立的。他在研究植物叶的色素成分时，采用了一根竖立的玻璃管，管内填充以 $CaCO_3$ 颗粒，然后把绿叶的浸取液倒入玻璃管顶部，浸取液中的色素就吸附在 $CaCO_3$ 上，再加入纯净的石油醚，使其自然流下。植物色素随着石油醚淋洗液在 $CaCO_3$ 里缓慢向下移动，结果各组分相互分离，在 $CaCO_3$ 里形成了几个清晰可见的色带。在 $CaCO_3$ 上混合色素被分成不同色带的现象，像一束光线通过棱镜时被分成不同色带的光谱现象一样，因此茨维特把这种现象称为色谱，相应的方法称为色谱法。

色谱法的实质是分离，从不同角度可以有不同的分类方法。

（1）按流动相和固定相的物理状态分类，见表 4-1。

表 4-1　按流动相和固定相的物理状态分类

流动相	总　称	固定相	色谱名称
气体	气相色谱（GC）	固体	气-固色谱（GSC）
		液体	气-液色谱（GLC）
液体	液相色谱（LC）	固体	液-固色谱（LSC）
		液体	液-液色谱（LLC）

（2）按固定相性质和操作方式分类，见表 4-2。

表 4-2　按固定相性质和操作方式分类

固定相形式	柱		纸	薄层板
	填充柱	开口管柱		
固定相性质	在玻璃或不锈钢柱管内填充固体吸附剂或涂渍在惰性载体上的固定液	在弹性石英玻璃或玻璃毛细管内壁附有吸附剂薄层或涂渍固定液等	具有多孔和强渗透能力的滤纸或纤维素薄膜	在玻璃板上涂有硅胶 G 薄层
操作方式	液体或气体流动相从柱头向柱尾连续不断地冲洗		液体流动相从滤纸一端向另一端扩散	液体流动相从薄层板一端向另一端扩散
名称	柱色谱		纸色谱	薄层色谱

（3）按分离过程的机制分类

吸附色谱法：利用吸附剂表面不同组分的物理吸附性能的差异。

分配色谱法：利用不同组分在两相中有不同分配系数。

离子交换色谱法：利用离子交换原理。

排阻色谱法：利用多孔性物质对不同大小分子的排阻作用。

色谱法从创立至今，发展迅速，跟其他方法相比，有以下优点。

① 应用广泛：可用于有机物、无机物、低分子量或高分子化合物、生物活性分子的分离；可分析气体、液体、固体样品；可在化学、化工、石油、食品、卫生、生物、医药、材料、环境、农业、刑侦、军事等领域中应用。

② 分离效率高：能在很短时间内对组成极为复杂、各组分性质极为相近的混合物同时进行分离和测定。毛细管色谱仪柱效可达几十万理论塔板数。

③ 分析速度快：几分钟至几十分钟。

④ 灵敏度高：可测定 10^{-11}g 微量组分。

⑤ 在分析仪器中，价格不算太高，易于普及。

但色谱法的最大缺点是定性可靠性较差。若没有已知纯物质的色谱图，很难判断某一色谱峰代表何种物质。

随着定性和定结构分析手段——质谱（MS）等技术的发展，确定一个纯组分是什么化合物，其结构如何已是比较容易的事。在发展初期，人们往往是将色谱分离后的欲测组分收集起来，经过一些处理，将欲测组分浓缩和除去干扰物质后，再利用质谱技术进行分析。这种联用是脱机、非在线的联用。脱机、非在线的色谱联用只是将色谱分离作为一种样品纯化的手段和方法，操作很繁琐，在收集色谱分离后的欲测组分及收集后的再处理时也容易发生样品的玷污和损失。目前，已实现了联机、在线的色谱联用。

气相色谱-质谱（GC-MS）联用仪是开发最早的色谱联用仪器。由于从气相色谱柱分离后的样品呈气态，流动相也是气体，与质谱的进样要求相匹配，最容易将这两种仪器联用。因此最早实现商品化的色谱联用仪器就是气相色谱-质谱联用仪。现在小型台式 GC-MS 已成为很多实验室的常规使用仪器了。

液相色谱-质谱联用（LC-MS）要比气相色谱-质谱联用困难得多，主要是因为液相色谱的流动相是液体，如果让液相色谱的流动相直接进入质谱，则将严重破坏质谱系统的真空，也将干扰被测样品的质谱分析。因此液相色谱-质谱联用技术的发展比较慢，出现过各种各样的接口，但直到电喷雾电离（ESI）接口和大气压电离（API）接口出现，才有了成熟的商品液相色谱-质谱联用仪。由于有机化合物中的 80% 不能汽化，只能用液相色谱分离，特别是近年来发展迅速的生命科学中的分离和纯化也都使用了液相色谱，加之液相色谱-质谱联用的接口问题得到了解决，这些都使得液相色谱-质谱联用技术在近年有了飞速发展。

二、气相色谱（GC）分析技术

气相色谱（GC）属于柱色谱，它可分为几类。按色谱柱分，可分为填充柱和毛细管柱；按固定相状态可分为气固色谱和气液色谱；按分离机理可分为分配色谱（即气液色谱）和吸附色谱（即气固色谱）；按进样方式可分为常规色谱、顶空色谱和裂解色谱等。气相色谱法是以气体作为流动相的色谱法，要求被分离的样品在柱内运行时必须处于气体状态。当样品在固定相和流动相所构成的体系中做相对运动时，具有不同分配系数的组分在两相间进行多次反复分配，不同组分从色谱柱流出的时间不同，从而达到分离目的。气相色谱法提供保留时间和强度二维信息，得到的是二维谱图。它的定性依据是色谱峰的保留时间，定量依据则是色谱峰高或峰面积。作为定性和定量分析方法，气相色谱法最大特点在于高效的分离能力和高的灵敏度，因此是分离混合物的有效手段。它的应用极其广泛，可以毫不夸张地讲，在一切需要对挥发性和半挥发性混合物进行分析的领域，如石油化工、有机合成、轻工食品、天然食品、天然产物、卫生防疫和法医质检等，都需要气相色谱分析技术。

通常，气相色谱仪由五大系统组成：气路系统、进样系统、分离系统、温控系统以及检测和记录系统。

有一些人认为 GC 分析很简单，不就是打一针就可得到结果吗？其实不然！这涉及方法开发问题，也就是针对一个或一批样品建立一套完整的分析方法。就 GC 而言，就是首先确定样品预处理方法，然后优化分离条件，直至达到满意的分离结果。最后建立数据处理方法，包括定性鉴定和定量测定。当然，这一方法要真正成为实用方法，还必须进行验证。方法开发的一般步骤如图 4-1 所示。

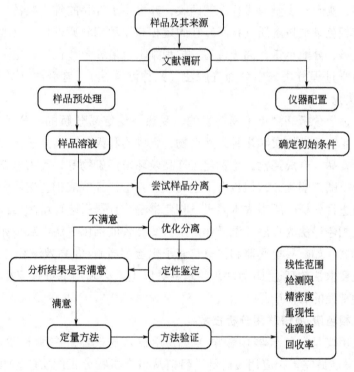

图 4-1　GC 分析方法开发的一般步骤

三、液相色谱（LC）分析技术

作为色谱分析法的一个分支，高效液相色谱法（HPLC）是在 20 世纪 60 年代末期，在经典液相色谱法和气相色谱法的基础上，发展起来的新型分离分析技术。液相色谱包括传统的柱色谱、薄层色谱和纸色谱。20 世纪 50 年代后气相色谱法在色谱理论研究和实验技术上迅速崛起，而液相色谱技术仍停留在经典操作方式，其操作繁琐，分析时间冗长，因而未受到重视。20 世纪 60 年代以后，随气相色谱法对高沸点有机物分析局限性的逐渐显现，人们又重新认识到液相色谱法可弥补气相色谱法的不足之处。从分析原理上讲，高效液相色谱法和经典液相（柱）色谱法没有本质的差别，但由于它采用了新型高压输液泵、高灵敏度检测器和高效微粒固定相，而使经典的液相色谱法焕发出新的活力。目前，HPLC 在分析速度、分离效能、检测灵敏度和操作自动化方面，都达到了和气相色谱法相媲美的程度，并保持了经典液相色谱对样品适用范围广、可供选择的流动相种类多和便于用作制备色谱等优点。至今，HPLC 已在生物工程、制药工业、食品工业、环境监测、石油化工等领域获得广泛的应用。

高效液相色谱法与气相色谱法有许多相似之处。气相色谱法具有选择性高、分离效率高、灵敏度高、分析速度快的特点，但它仅适于分析蒸气压低、沸点低的样品，而不适用于分析高沸点有机物、高分子和热稳定性差的化合物以及生物活性物质，因而使其应用受到限制。在全部有机化合物中仅有 20％的样品适用于气相色谱分析。高效液相色谱法可弥补气相色谱法的不足之处，可对 80％的有机化合物进行分离和分析。

HPLC 除了具有分离效能高、选择性高、检测灵敏度高、分析速度快的特点外，它的应用范围也日益扩展。由于它使用了非破坏性检测器，样品被分析后，在大多数情况下，可除去流动相，实现对少量珍贵样品的回收，亦可用于样品的纯化制备。

高效液相色谱法按溶质（样品）在固定相和流动相分离过程的物理化学原理分类，则可分为吸附色谱、分配色谱、离子色谱、体积排阻色谱和亲和色谱；也可按照溶质在色谱柱中洗脱的动力学过程分类，则分为洗脱法（又称淋洗法）、前沿法（又称迎头法）和置换法（又称顶替法）。

HPLC 适于分析高沸点不易挥发的、受热不稳定易分解的、分子量大、不同极性的有机化合物，生物活性物质和多种天然产物，合成的和天然的高分子化合物等。它们涉及石油化工产品、食品、合成药物、生物化工产品及环境污染物等，约占全部有机化合物的 80％。虽具有应用范围广的优点，但也有下述局限性：①在高效液相色谱法中，使用多种溶剂作为流动相，当进行分析时所需成本高于气相色谱法，且易引起环境污染；当进行梯度洗脱操作时，它比气相色谱法的程序升温操作复杂；②高效液相色谱法中缺少如气相色谱法中使用的通用型检测器（如热导检测器和氢火焰离子化检测器）；③高效液相色谱法不能替代气相色谱法去完成要求柱效高达 10 万块理论塔板数以上，必须用毛细管气相色谱法分析组成复杂的具有多种沸程的石油产品。

四、气相色谱-质谱联用分析技术

气质联用仪是分析仪器中较早实现联用技术的仪器。在所有联用技术中，气质联用（GC-MS）发展最完善，应用最广泛。目前从事有机物分析的实验室几乎都把 GC-MS 作为主要的定性确认手段之一，在很多情况下又用 GC-MS 进行定量分析。GC-MS 已成为分析复杂混合物最为有效的手段之一。

GC-MS 联用仪系统一般由图 4-2 所示的各部分组成。

气相色谱仪分离样品中各组分起着样品制备的作用。接口把气相色谱流出的各组分送入质谱仪进行检测，起着气相色谱和质谱之间适配器的作用，由于接口技术的不断发展，接口在形式上越来越小，也越来越简单；质谱仪对接口依次引入的各组分进行分析，成为气相色谱仪的检测器，它是利用带电粒子在磁场或电场中的运动规律，按其质荷比实现分离分析，测定离子质量及其强度分布。主要特点是能给出化合物的分子量、元素组成、经验式及分子结构信息，具有定性专属性强、灵敏度高、检测快速的优势。计算机系统交互式地控制气相

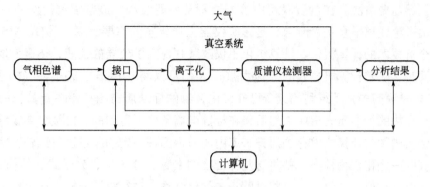

图 4-2　GC-MS 联用仪组成

色谱、接口和质谱仪，进行数据采集和处理，是 GC-MS 的中央控制单元。

　　GC-MS 联用中着重要解决两个技术问题：①仪器接口。众所周知，气相色谱仪的入口端压力高于大气压，在高于大气压力的状态下，样品混合物的气态分子在载气的带动下，因在流动相和固定相上的分配系数不同而产生的各组分在色谱柱内的流速不同，使各组分分离，最后和载气一起流出色谱柱。通常色谱柱的出口端为大气压力。质谱仪中样品气态分子在具有一定真空度的离子源中转化为样品气态离子。这些离子包括分子离子和其他各种碎片离子，它们在高真空的条件下进入质量分析器运动。在质量扫描部件的作用下，检测器记录各种按质荷比分离不同的离子其离子流强度及其随时间的变化。因此，接口技术中要解决的问题是气相色谱仪的大气压的工作条件和质谱仪的真空工作条件的连接和匹配。接口要把气相色谱柱流出物中的载气，尽量除去，保留或浓缩待测物，使近似大气压的气流转变成适合离子化装置的粗真空，并协调色谱仪和质谱仪的工作流量。②扫描速度。没和色谱仪连接的质谱仪一般对扫描速度要求不高。和气相色谱仪连接的质谱仪，由于气相色谱峰很窄，有的仅几秒钟时间。一个完整的色谱峰通常需要至少 6 个以上数据点。这样就要求质谱仪有较高的扫描速度，才能在很短的时间内完成多次全质量范围的质量扫描。另一方面，要求质谱仪能很快地在不同的质量数之间来回切换，以满足选择离子检测的需要。

　　气相色谱或质谱法各有长处和短处，GC-MS 则能使两者的优、缺点得到很好的互补，充分发挥气相色谱法高分离效率和质谱法定性专属性的能力，大大提高了解决问题的能力。其特点主要有：①GC-MS 方法定性参数增加，定性可靠。GC-MS 方法不仅与 GC 方法一样能提供保留时间，而且还能提供质谱图，由质谱图、分子离子峰的准确质量、碎片离子峰强比、同位素离子峰、选择离子的子离子质谱图等，使 GC-MS 方法定性远比 GC 方法可靠。②GC-MS 方法是一种通用的色谱检测方法，但灵敏度却远高于 GC 方法中的通用检测器中任何一种。GC 方法中常用的只有 FID 和 TCD 是通用检测器，其余都是选择性检测器，与检测样品中的元素或官能团有关。③虽然用气相色谱仪的选择性检测器，能对一些特殊的化合物进行检测，不受复杂基质的干扰，但难以用同一检测器同时检测多类不同的化合物，而不受基质的干扰。而采用色质联用中的提取离子色谱、选择离子检测等技术可降低化学噪声的影响，分离出总离子图上尚未分离的色谱峰。在色质联用技术中，高分辨质谱的联用仪检测准确质量数、串联质谱（时间串联或空间串联）的选择反应检测或选择离子子离子检测等均能在一定程度上降低化学噪声，提高信噪比。④气相色谱法中，经过一段时间的使用，某些检测器需要清洗。在色质联用中检测器不常需要清洗，最常需要清洗的是离子源或离子盒。离子源或离子盒是否清洁，是影响仪器工作状态的重要因素。⑤GC-MS技术的发展促进了分析技术的计算机化。计算机化不仅改善并提高了仪器的性能，还极大地提高了工作效率。同时，随着计算机技术的飞速发展，人们可以将在标准电离条件（电子轰击电离源，70eV电子束轰击）下得到的大量已知纯化合物的标准质谱图存储在计算机的磁盘里，形成已知化合物的标准质谱谱库，然后将在标准电离条件下得到的、已被分离成纯化合物的未知化合物质谱图与计算机内存的质谱谱库内的质谱图按一定的程序进行比较，将匹配度（相似度）高的一些化合物检出，并将这些化合物的名称、分子量、分子式、结构式（有些没有）和匹配度（相似度）给出，这将对解析未知化合物、进行定性分析有很大帮助。目前，质谱谱库已成为GC-MS联用仪中不可缺少的一部分，特别是用GC-MS联用仪分析复杂样品，出现数十个甚至上百个色谱峰时，要用人工的方法对每一个色谱峰的质谱图态解析，那是十分困难的，要耗费大量的时间和人力。只有利用质谱谱库和计算机检索，才能顺利、快速地完成GC-MS的谱图解析任务。

五、液相色谱-质谱联用技术

如同气相色谱，液相色谱的优势也在于分离，但难以得到结构信息。目前应用较多的是气相色谱-质谱（GC-MS）联用。但是GC要求样品具有一定的蒸气压，只有20%的药品可不经过预先的化学处理而能满意地用气相色谱分离，多种情况下所研究的药物需要经过适当的预处理和衍生化，以使之成为易汽化的样品才能进行GC-MS分析。而HPLC可分离极性的、离子化的、不易挥发的高分子质量和热不稳定的化合物，同时LC-MS联机弥补了传统LC检测器的不足，具有高分离能力、高灵敏度、应用范围更广和具有极强的专属性等特点，越来越受到人们的重视。据估计已知化合物中约80%的化合物均为亲水性强、挥发性低的有机物和热不稳定化合物及生物大分子，这些化合物广泛存在于生物、医药、化工和环境等领域，它们需要用LC分离。因此，LC与MS的联用可以解决GC-MS无法解决的问题。

液相色谱-质谱联用仪具有如下优点：①广适性检测器，MS几乎可以检测所有的化合物，比较容易地解决了分析热不稳定化合物的难题；②分离能力强，即使在色谱上没有完全分离开，但通过MS的特征离子质量色谱图也能分别画出它们各自的色谱图来进行定性定量，可以给出每一个组分的丰富的结构信息和分子量，并且定量结构十分可靠；③检测限低，MS具备高灵敏度，它可以在$<10^{-12}$g水平下检测样品，通过选择离子检测方式，其检测能力还可以提高一个数量级以上；④可以让科学家从分子水平上研究生命科学；⑤质谱引导的自动纯化，以质谱给馏分收集器提供触发信号，可以大大提高制备系统的性能，克服了传统UV制备中的很多问题。

液相色谱-质谱联用仪主要由色谱仪、接口、质谱仪、电子系统、记录系统和计算机系统六大部分组成。混合样品注入色谱仪后，经色谱柱得到分离。从色谱仪流出的被分离组分依次通过接口进入质谱仪。在质谱仪中首先在离子源处被离子化，然后离子在加速电压作用下进入质量分析器进行质量分离。分离后的离子按质量的大小，先后由收集器收集，并记录质谱图。根据质谱峰的位置和强度可对样品的成分和其结构进行分析。但是，在液相色谱仪和质谱仪联用时，传统的HPLC系统中遇到的流量和质谱仪要求的真空之间存在的难以协调性似乎太大了。再者，HPLC缺乏灵敏性、选择性和通用的检测器也是HPLC和MS联用的推动力。为了克服这一明显的不相容问题，需要解决以下困难：①色谱仪与质谱仪的压力匹配问题。质谱仪要求在高真空情况下工作，而液相色谱仪柱后压力约为常压。色谱流出物直接引入质谱的离子源时，可能破坏质谱仪的真空度而不能正常工作。要与一般在常压下工作的液质接口相匹配并维持足够的真空，其方法只能是增大真空泵的抽速，维持一个必要的动态高真空。所以现有商品仪器的 LC-MS 设计均增加了真空泵的抽速，并采用了分段、多级抽真空的方法，形成真空梯度来满足接口和质谱正常工作的要求。②色谱仪与质谱仪的流量匹配问题。一般质谱仪最多只允许 $1 \sim 2 \text{mL} \cdot \text{min}^{-1}$ 气体进入离子源，而流量为 $1 \text{mL} \cdot \text{min}^{-1}$ 的液体流动相汽化后，气体的流量为 $150 \sim 1200 \text{mL} \cdot \text{min}^{-1}$。③汽化问题。被色谱分离后的样品必须以气态的、未发生裂解和分子重排的形式进入质谱仪离子源。这就要求色谱流出物在进入质谱仪以前汽化。HPLC 的流出物为液体，必须采用不使组分发生化学变化的方法使之汽化。

要解决以上矛盾，实现液相色谱仪与质谱仪的联机，一般要用接口除去大量色谱流动相分子，浓集和汽化样品。接口性能很大程度上决定着色谱-质谱联用仪性能的优劣。由于液相洗脱剂的流量较气相色谱的载气要大得多，因而液相色谱和质谱联机关键装置是接口。

近 30 年来，发展了许多接口技术，如传送带接口、粒子束接口、直接液体导入、大气压电离等。大气压离子化技术（API）是一类软离子化方式。它的出现，成功地解决了液相色谱和质谱联用的接口问题，使液相色谱-质谱联用逐渐发展成为成熟的技术。API 主要包括电喷雾离子化（ESI）和大气压化学离子化（APCI）等模式。它们的共同点是样品的离子化在处于大气压下的离子化室中完成，离子化效率高，大大增强了分析的灵敏度和稳定性。API 接口/离子源由五部分组成：①液体流入装置或喷雾探针；②大气压离子源区，通过 ESI、APCI 或其他方式在此产生离子；③样品离子化孔；④大气压至真空接口；⑤离子光学系统（在此将离子运送到质谱分析器）。现在应用最为广泛的 API 技术是 ESI。在 ESI 中，离子的形成是被测分子在带电液滴的不断收缩过程中喷射出来的，即离子化是在液态下完成的。经液相色谱分离的样品溶液流入离子源，在 N_2 流下汽化后进入强电场区域，强电场形成的库仑力使小液滴样品离子化，借助于逆流加热 N_2 分子离子颗粒表面液体进一步蒸发，使分子离子相互排斥形成微小分子离子颗粒。这些离子可能是单电荷或多电荷，这取决于所得的带有正、负电荷的分子中酸性或碱性基团的体积和数量。

ESI 具有极为广泛的应用领域，如小分子药物及其各种体液内代谢产物的测定，农药及化工产品的中间体和杂质鉴定，大分子的蛋白质和肽类的分子量测定，氨基酸测序及结构研究以及分子生物学等许多重要的研究和生产领域。

第二节　实　验　内　容

实验 4-1 GC 进样练习及改变柱温对分离的影响

一、实验目的

1. 使学生初步了解仪器的构造，学会仪器的开机及关机程序。

2. 重点学会钢瓶的使用及注意事项。

3. 学会样品的进样操作，对改变柱温对样品的保留时间的变化有感性认识。

4. 提高学生实验的积极性，引导、启发、鼓励学生进行协作完成教学项目的过程中掌握知识和能力。

二、实验原理

气相色谱法是 1925 年发展起来的色谱分析方法，其根据固定液的不同又分为气固色谱 (GSC) 和气液色谱 (GLC)。前者是用多孔性固体为固定相，分离的对象主要是一些永久性的气体和低沸点的化合物；而后者的固定相是用高沸点的有机物涂渍在惰性载体上，由于可供选择的固定液种类多，故选择性较好，应用亦广泛。本校实验室新购置的六台日本岛津 GC2014 气相色谱仪采用电子流量控制 (AFC) 技术，大大改善了保留时间和峰面积的重现性，从而实现了更高精度的分析。

三、仪器与试剂

1. 仪器

岛津色谱仪 GC2014 [配氢火焰离子化检测器 (FID)]；岛津 RTX-5 ($0.25mm \times 30m$，$0.25\mu m$) 不锈钢色谱柱；$10\mu L$ 气相微量注射器。

2. 试剂

甲醇 (HPLC)；苯、萘、蒽、芴标准物，取适量加甲醇配成 $1 \times 10^{-5} mol \cdot L^{-1}$ 混标液，过 ($0.45\mu m$) 滤膜。

四、实验步骤

1. 钢瓶的使用及仪器的开机操作

钢瓶的操作在气体间进行。依次用扳手打开高纯氢气、高纯氮气和高纯空气的钢瓶阀门，使总压表为 10.0MPa，再打开次级阀门，使分压表为 0.5MPa，再依次将三级、四级气阀打开。将色谱仪主机开关打开，打开电脑，双击操作软件图标，进入工作站主界面。按照实验要求设定汽化室温度为 250℃，柱温为 80℃，检测器温度为 250℃，单击"Down Load"上传。点"System On"开始加热，待检测器温度高于 150℃时，单击"Flame On"点火。

2. 进样练习，使学生学会气相尖头进样针的规范用法

取 $10\mu L$ 气相尖头进样针，润洗针后，取 $1.0\mu L$ 混标液体进针，待四个样品色谱峰出峰后，保存色谱图，记录各峰保留时间和峰面积。

3. 改变色谱柱的温度，进样后对比不同柱温的出峰时间，了解 GC 柱温的改变对样品保留时间的影响

在 GC 中，柱温的改变是影响分离度及出峰时间的最重要因素。本实验将以上述混标的甲醇溶液为样品，通过设置 80℃、100℃和 120℃三个不同柱温，进针，由出峰时间及分离度了解柱温改变对物质保留时间及分离的影响。

4. 仪器的关机、气体的关闭操作

实验完毕后，单击"System Off"，如整个实验室无其他人使用色谱仪，可到气体间关闭氢气、空气总阀门、次阀门，再到三级四级阀门。待汽化室及检测器温度降到 100℃以下，再依次关闭氮气总阀门到四级阀门。

五、数据处理

1. 打印包含有各色谱图及相应保留时间、峰面积的数据报告。

2. 对比 80℃、100℃和 120℃色谱图各峰保留时间及分离度随柱温变化的不同。

六、思考题

1. 影响色谱柱效能的因素有哪些？如何正确选择色谱操作条件？

2. 分离度达到多少说明两组分已经完全分开？实际分析中，分离度是不是越高越好？为什么？

实验 4-2　气相色谱程序升温法测定水中硝基苯

一、实验目的

1. 掌握气相色谱仪的开关机操作。

2. 熟悉 GC solution 工作站基本操作。

3. 学会利用标准曲线进行定量分析的方法。

4. 学会检测水中硝基苯的标准方法。

二、实验原理

硝基苯是一种带有苦杏仁味的淡黄色透明油状液体，属于剧毒化学品。采用有机溶剂萃取，萃取液经净化（或浓缩）后，进行气相色谱分析。GB 3838—2002《地表水环境质量标准》中规定在集中式生活饮用水地表水源地中硝基苯的极限值为 0.017mg · L^{-1}。2005 年 11 月在吉林省中石油吉林石化双苯厂发生爆炸而导致松花江水严重污染，污染水经中俄边境河黑龙江流入俄罗斯境内，中俄两国数百万人饮水安全受到严重影响。本实验参考俄罗斯标准方法 MYK 4.1.1207—03，采用气相色谱 FID 测定水中微量硝基苯。

三、仪器与试剂

1. 仪器

气相色谱仪：GC-2014（配 FID 检测器），色谱柱 RTX-5，GCsolution 色谱工作站，10μL 微量注射器；分液漏斗；水浴锅等。

2. 试剂

硝基苯；KOH；NaCl；二氯甲烷。

四、实验步骤

1. 样品处理

取 200mL 水样于 500mL 分液漏斗中，滴入数滴 10mol · L^{-1} 的 KOH 溶液调节 pH 值大于 10 后加入 8g NaCl。将 40mL 二氯甲烷加入分液漏斗中，充分振荡 5min 后静置 15min。将下层有机相取出，置于 30～35℃恒温水浴中蒸发浓缩至 2mL，取 1μL 溶液进行分析。

2. 硝基苯标准样品制备

将外购高浓度硝基苯标样用乙醇稀释至 100mg · L^{-1} 后，分别量取适当体积配制成浓度为 0.02mg · L^{-1}、0.05mg · L^{-1}、0.1mg · L^{-1}、0.5mg · L^{-1} 和 1.0mg · L^{-1} 的标准水溶液，备用。5 个浓度的标准水溶液也同样采用此步骤进行萃取浓缩处理，再取 1μL 进样制作标准曲线。

3. 钢瓶的使用及仪器的开机操作

钢瓶的操作在气体间进行。依次用扳手打开高纯氢气、高纯氮气和高纯空气的钢瓶阀门，使总压表为 10.0MPa，再打开次级阀门，使分压表为 0.5MPa，再依次将三级、四级气阀打开。将色谱仪主机开关打开，打开电脑，双击 GC solution 操作软件图标，进入工作站主界面。

4. 设置分析条件

进样口温度：280℃。

柱温：80℃（5min），15℃·min^{-1} 升至 180℃（1min），40℃·min^{-1} 升至 250℃（10min）。

检测器温度：280℃。

柱流量：1mL·min^{-1}（N_2）。

分流比：10∶1。

载气流量控制方式：恒线速度方式。

采集停止时间：12min。

5. 单击"Down Load"上传。点"System On"开始加热，待检测器温度高于150℃时，点"Flame On"点火。待仪器各部分温度达设定值，并稳定计时三分钟出现"Ready"后，点"Single Run"再单击"Sample Login"设置数据存储路径。

6. 用微量进样针各取标准液 1μL 进样，按下仪器面板上的"Start"，此时观察色谱图流出曲线，待色谱流出曲线运行 12min 后，点"Stop"停止数据采集。

7. 关机操作

实验结束后，设置汽化室温度为 40℃，柱温箱温度设置为 30℃，检测器温度设置为 40℃，单击"System Off"，依次将高纯空气和高纯氢气从主阀门到四级阀门关闭。待汽化室和检测器温度降到 100℃ 以下后，依次将高纯氮气主阀门到四级阀门关闭，关闭 GC solution 工作站，关闭电脑以及色谱仪主机。登记仪器使用记录，清理实验台面。

五、数据处理

1. 以质量浓度为横坐标、峰面积为纵坐标，绘制工作曲线，并注明其相关系数 R。

2. 根据标准曲线，计算浓度。

3. 查阅相关国家标准，判断水质污染情况。

六、思考题

1. 本实验为什么用氢火焰离子化检测器而不是热导检测器？

2. 外标法是否要求严格准确进样？操作条件的变化对定量结果有无影响？为什么？

实验 4-3 气相色谱测定醇系混合物（内标法）

一、实验目的

1. 掌握内标法的原理。

2. 相对校正因子的测定。

3. 掌握升温程序的编制方法。

二、实验原理

内标法是色谱分析中一种比较准确的定量方法,尤其在没有标准物对照时,此方法更显其优越性。内标法是将一定重量的纯物质作为内标物加到一定量的被分析样品混合物中,然后对含有内标物的样品进行色谱分析,分别测定内标物和待测组分的峰面积(或峰高)及相对校正因子,按下列公式和方法即可求出被测组分在样品中的百分含量。

$$m_i = f_i A_i / (A_s / m_s)$$

式中,f_i 为相对校正因子;A_i 和 A_s 分别为所供样品和内标物的峰面积或峰高;m_s 为内标物加入的量。f_i 可由内标标样测得:$f_i = A_s m_i / (A_i m_s)$,如果 m_i 和 m_s 为 c_i 和 c_s,则 f_i 为相对浓度校正因子。

对于沸程较宽、组分较多的复杂样品,恒柱温一般选在各组分的平均沸点左右,这显然是一种折中的办法,结果将导致低沸点组分因柱温太高很快流出,而高沸点组分因柱温太低,滞留过长,甚至不出峰。

为克服上述缺点,程序升温气相色谱法(PTGC)得以广泛应用,它是色谱柱按预定程序连续地或分阶段地进行升温的气相色谱法。采用程序升温技术,可使各组分在最佳的柱温流出色谱柱,以改善复杂样品的分离,缩短分析时间。

本实验采用岛津 RTX-1 毛细管柱,以氢火焰离子化(FID)为检测器,以程序升温方法分析混合醇系物中各醇类化合物的相对摩尔校正因子。

三、仪器与试剂

1. 仪器

气相色谱仪:岛津 GC-2014(配 FID 检测器);GC solution 工作站;10μL 微量注射器。

2. 试剂

(1)内标标液:准确称取异丙醇 1.0000g,用色谱甲醇稀释定容到 50mL 容量瓶中,此标液浓度为 20mg·mL^{-1}。

(2)样品溶液:称取约 1.0000g 乙醇、正戊醇、正己醇、正辛醇,用上述内标液稀释至 50mL 容量瓶中。此样品中各类化合物浓度为 20mg·mL^{-1}。

四、实验步骤

1. 开机

按实验 4-1 步骤开启色谱仪,根据实验色谱条件,设置仪器参数,等待仪器就绪。

2. 设置分析条件

进样口温度:230℃。

柱温:40℃(5min),5℃·min^{-1}升至 210℃(5min)。

检测器温度:250℃。

柱流量:1mL·min^{-1}(N$_2$)。

分流比:30∶1。

载气流量控制方式:恒线速度方式。

3. 内标标液的进样

取 1μL 内标标液进样,记录保留时间。

4. 样品溶液的进样分析

取 $1\mu L$ 样品溶液进样，平行测定 3 次。记录各样品中化合物的保留时间和峰面积。

5. 关机操作

实验结束后，设置汽化室温度为 40℃，柱温箱温度设置为 30℃，检测器温度设置为 40℃，单击"System Off"，依次将高纯空气和高纯氢气从主阀门到四级阀门关闭。待汽化室和检测器温度降到 100℃以下后，依次将高纯氮气主阀门到四级阀门关闭，关闭 GC solution 工作站，关闭电脑以及色谱仪主机。登记仪器使用记录，清理实验台面。

五、数据处理

根据下表，记录实验数据并算出各化合物对内标物的相对浓度校正因子。

次数	化合物名	A_i （峰面积）	c_i $/mg \cdot mL^{-1}$	A_s （峰面积）	c_s $/mg \cdot mL^{-1}$	f_i
1	乙醇					
	正戊醇					
	正己醇					
	正辛醇					
2	乙醇					
	正戊醇					
	正己醇					
	正辛醇					
3	乙醇					
	正戊醇					
	正己醇					
	正辛醇					
标准偏差	乙醇					
	正戊醇					
	正己醇					
	正辛醇					
相对标准偏差	乙醇					
	正戊醇					
	正己醇					
	正辛醇					

六、思考题

1. 色谱内标法有哪些优点？在什么情况下采用内标法较方便？

2. 利用内标法进行定量分析时，应如何选择内标物？

实验 4-4 气相色谱法测定小麦粉熟制品中的富马酸二甲酯含量

一、实验目的

掌握如何检测小麦粉熟制品中的富马酸二甲酯含量。

二、实验原理

富马酸二甲酯是美国 20 世纪 80 年代开发出来的一种新型防霉保鲜剂，俗称克霉王、霉克星，属二元不饱和脂肪酸酯类，能抑制 30 多种霉菌、酵母菌、真菌及细菌，特别对肉毒梭菌和黄曲霉菌有很好的抑制作用。

富马酸二甲酯的抗菌性受 pH 值影响不大，抑菌作用的时间长、效果好，具有高效、低毒、经济实用等特点，因此作为一种新型的防腐剂受到国内外食品业、饲料业高度重视，被用于食品、饮料、饲料、中药材、化妆品、鱼、肉、蔬菜、水果等产品的防霉、防腐、防虫、保鲜。富马酸二甲酯大多出现在焙烤食品中，利用其熏蒸抑菌的特点，升华的富马酸二甲酯会形成一个气体的抑菌小空间，不过其风险在于许多人对这种挥发性气体有过敏反应，在一些严重的情况下，出现急性呼吸困难。因此欧盟成员国于 2009 年 1 月 29 日通过了"保证含有富马酸二甲酯的消费品不会投放欧洲市场"的决议草案，该草案并于 2009 年 5 月 1 日生效。欧盟对所有含有富马酸二甲酯的消费品颁布禁令，势必将给我国相关行业带来很大的影响。

可采用 GC-2014 气相色谱仪对小麦熟制品中的富马酸二甲酯进行定性定量分析。

三、仪器与试剂

1. 仪器

气相色谱仪：GC-2014（配 FID 检测器）；色谱柱 RTX-5；GC solution 色谱工作站；$10\mu L$ 微量注射器。

2. 试剂

富马酸二甲酯标准品；石油醚。

四、实验步骤

1. 标准品的配置

准确称取一定量的富马酸二甲酯标准品，用乙酸乙酯溶解定容，配置成浓度约为 $100mg \cdot kg^{-1}$ 的乙酸乙酯标准储备液，放于冰箱冷藏保存。分别配置浓度为 $0.2mg \cdot kg^{-1}$、$2mg \cdot kg^{-1}$、$5mg \cdot kg^{-1}$、$10mg \cdot kg^{-1}$、$20mg \cdot kg^{-1}$、$40mg \cdot kg^{-1}$ 富马酸二甲酯标准溶液。

2. 样品前处理

取 10g 粉碎的面包样品，加 15g 煅烧过的无水硫酸钠，6g 中性氧化铝及 0.4g 活性炭，充分混合均匀。用固相萃取小柱净化，用乙酸乙酯浸湿样品，关闭活塞，静置 10min，用乙酸乙酯淋洗。用 50mL 容量瓶收集淋洗液并定容，用 $0.22\mu m$ 有机相滤膜过滤，上 GC 测试。

3. 设置分析条件

进样口温度：280℃。

柱温：60℃（1min），10℃·min⁻¹ 升至 115℃（5min），30℃·min⁻¹ 升至 280℃（3min）。

检测器温度：280℃。

柱流量：$1mL \cdot min^{-1}$（N_2）。

分流比：1。

载气流量控制方式：恒线速度方式。

4. 用微量进样针取不同浓度富马酸二甲酯标准品 $1\mu L$ 分别进样。按下仪器面板上的

"Start"，此时观察色谱图流出曲线，待色谱流出曲线运行停止后，单击"Stop"停止数据采集。

5. 用微量进样针取 $2mg \cdot kg^{-1}$ 的标准溶液连续测定 5 次，考察仪器精密度。

6. 用微量进样针取样品进样，得到色谱图。

五、数据处理

1. 以富马酸二甲酯浓度为横坐标，以峰面积为纵坐标绘制工作曲线，确定相关系数。

2. 用微量进样针取 $2mg \cdot kg^{-1}$ 的标准溶液连续测定 5 次，计算仪器精密度。

3. 得到实际样品分析色谱图，根据工作曲线，确定样品中所含富马酸二甲酯的含量。

六、思考题

1. 本实验为什么采用程序升温的方法？如何选择程序升温实验条件？

2. 气相色谱法对精密度的要求如何？

实验 4-5　气相色谱测定白酒中的甲醇

一、实验目的

了解气相色谱仪（火焰离子化检测器 FID）的使用方法，掌握外标法定量的原理，了解气相色谱法在产品质量控制中的应用。

二、实验原理

在酿造白酒的过程中，不可避免地有甲醇产生。根据国家标准（GB 10343—1989），食用酒精中甲醇含量应低于 $0.1g \cdot L^{-1}$（优级）或 $0.6g \cdot L^{-1}$（普通级）。

利用气相色谱可分离、检测白酒中的甲醇含量。在相同的操作条件下，分别将等量的试样和含甲醇的标准试样进行色谱分析，由保留时间可确定试样中是否含有甲醇，由甲醇峰峰高的标准曲线，可确定试样中甲醇的含量。

三、仪器与试剂

1. 仪器

气相色谱仪：GC-2014（配 FID 检测器）；色谱柱 DB-WAX；GC solution 色谱工作站；$10\mu L$ 微量注射器。

2. 试剂

甲醇（色谱纯）；乙醇（色谱纯）。

四、实验步骤

1. 样品处理

将白酒样品取 1mL 移至离心管中加入少许无水硫酸钠，充分搅拌后再重新转到另一个新的离心管中，在 $3000r \cdot min^{-1}$ 的速度离心 5～10min 即可达到脱水目的（样品量较多可以重复几次此步骤）。

2. 甲醇标准溶液制备

将甲醇用乙醇稀释至 $100mg \cdot L^{-1}$ 后，分别量取适当体积配制成浓度为 $0.02mg \cdot L^{-1}$、$0.05mg \cdot L^{-1}$、$0.1mg \cdot L^{-1}$、$0.5mg \cdot L^{-1}$ 和 $1.0mg \cdot L^{-1}$ 的标准水溶液，备用。

3. 设置分析条件

进样口温度：230℃。

柱温：36℃ (2.5min)，20℃·min⁻¹升至70℃ (0min)，30℃·min⁻¹升至180℃ (0min)，50℃·min⁻¹升至220℃ (3min)。

检测器温度：260℃。

柱流量：1mL·min⁻¹ (N_2)。

分流比：180∶1。

柱头压力：400kPa (恒压)。

进样量：0.8μL。

4. 通载气，启动仪器，设定以上温度条件。待温度升至所需值时，打开氢气和空气，点燃FID (点火时，氢气的流量可以大些)，缓缓调节 N_2、H_2 及空气的流量，至信噪比较佳时为止。待基线平稳后即可进样分析。

5. 仪器稳定后，吸取 0.1g·L⁻¹ 甲醇标准溶液 0.2μL、0.4μL、0.6μL、0.8μL、1.0μL 进样，以甲醇量为横坐标，色谱峰峰高为纵坐标，绘制标准曲线。吸取 0.8μL 的白酒溶液，进样，测定白酒中甲醇的峰高，再由标准曲线查出甲醇的量，并计算白酒中甲醇的含量。

五、数据处理

1. 以质量浓度为横坐标、峰面积为纵坐标，绘制工作曲线，并注明其相关系数 R。

2. 根据标准曲线，计算浓度。

六、思考题

1. 外标法定量的特点是什么？外标法定量的主要误差来源有哪些？

2. 在哪些情况下采用外标法定量较为适宜？

实验4-6 　气相色谱法对苯系物的分离分析

一、实验目的

1. 了解气相色谱仪的基本构造。

2. 学会气相色谱仪的开关机操作。

3. 熟悉 GC solution 工作站基本操作。

4. 学会利用标准样品进行定性分析的方法。

5. 正确进行苯系物的检测。

二、实验原理

气相色谱法是 1925 年发展起来的色谱分析方法，其根据固定液的不同又分为气固色谱 (GSC) 和气液色谱 (GLC)。前者是用多孔性固体为固定相，分离的对象主要是一些永久性的气体和低沸点的化合物；而后者的固定相是用高沸点的有机物涂渍在惰性载体上，由于可供选择的固定液种类多，故选择性较好，应用亦广泛。

苯系物通常指苯、甲苯、乙苯、二甲苯 (包括对位、间位和邻位异构体) 乃至异丙苯、三甲苯等，除苯是公认的致癌物外，其余的化合物对人体和水生生物都有不同的毒性。在家具和装修行业常存在这些组分，需用色谱方法进行分析。

采用毛细管柱，以氢火焰离子化（FID）为检测器，能比较好地分离苯系物。

本方法适用于水和废水。本方法参照 GB 11890—1989 制定。

三、仪器与试剂

1. 仪器

（1）气相色谱仪：岛津 GC-2014（配有 FID 检测器）。

（2）磨口玻璃瓶。

（3）电热恒温水浴：控温精度±1℃。

（4）顶空分析瓶：体积为 20mL，带聚四氟乙烯（PTFE）密封硅橡胶垫和塑料螺旋帽密封，使用前在 120℃ 烘烤 2h，冷却后 PTFE 垫保存在干净的玻璃瓶中。

（5）色谱柱：RTX-1（30m×0.25mm，0.25μm）。

（6）微量注射器（气密性注射器）：100μL、1μL。

（7）分液漏斗：250mL。

（8）具塞试管：5mL。

（9）振荡器。

2. 试剂

（1）蒸馏水：在色谱上不应有苯系物各组分检出，如检出应做提纯处理。

（2）氮气：纯度大于 99.999%。

（3）氢气：纯度大于 99.99%。

（4）无油压缩空气：经 5Å 分子筛净化。

（5）苯系物：苯、甲苯、乙苯、对二甲苯、间二甲苯、邻二甲苯、苯乙烯均采用色谱纯标准试剂。

（6）甲醇中苯系物标准储备溶液（75mg·L^{-1}）宜采用国家有证标准物质或标准样品。也可准确称量苯、甲苯、乙苯、对二甲苯、间二甲苯、邻二甲苯、苯乙烯色谱纯试剂溶于甲醇（色谱纯）配制。

（7）氯化钠（NaCl）：优级纯，经 550℃ 烘烤 2h，以去除吸附的有机物。

（8）二硫化碳（CS$_2$）：在色谱上不应有苯系物各组分检出，如检出应做提纯处理。

（9）无水硫酸钠（Na$_2$SO$_4$）：经 300℃ 烘烤 2h 后置于干燥器中备用。

（10）混合酸：硫酸∶磷酸（2∶1）。

（11）盐酸：优级纯。

四、实验步骤

1. 样品的保存

取水样时应使样品充满空间，不留空隙，并加盖密封。样品应在冰箱中保存，7 日内处理完毕，14 日内分析完。

2. 样品制备

（1）顶空气相色谱法样品的制备　准确吸取 10mL 水样于顶空分析瓶中（若直接用顶空分析瓶采样，于待测样品的顶空瓶中准确吸出 10mL 水样，使待测水样体积为 10mL），加入 2g 氯化钠，立即用垫和帽密封顶空瓶，轻轻摇匀，待氯化钠溶解后放入水浴温度为 60℃ 水浴中平衡 30min。抽取顶空部分的气样用作色谱分析试料。

（2）溶剂萃取-气相色谱法样品的制备

① 清洁的水样　取 20mL 水样于 250mL 分液漏斗中，加盐酸调 pH 呈酸性，加入 2g 氯化钠，溶解后加 5.0mL 二硫化碳，立即盖上盖，振摇 3min，中间不时放气，静置分层，弃去水相。萃取液经无水硫酸钠脱水后，转入 5mL 具塞试管中，供色谱分析。

② 污染较重的水样　浑浊水样可离心后取上清液，按上述方法萃取后，弃去水相，于萃取液中加入 0.5～0.6mL 混合酸（硫酸∶磷酸为 2∶1），开始缓缓振摇，然后激烈振摇 1min（注意放气），静置分层，弃去酸层，反复萃取至酸层无色，用硫酸钠（200mg·mL^{-1}）和纯水洗萃取液至中性。萃取液经无水硫酸钠脱水后，转入 5mL 具塞试管中，供色谱分析。

3. 分析步骤

（1）仪器条件

进样口温度：230℃。

柱箱温度：40℃保持 5min，5℃·min^{-1}升温至 80℃，保持 3min，30℃·min^{-1}升温至 220℃。

检测器温度：250℃。

柱流量：1.0mL·min^{-1}。

分流比：10∶1。

（2）标准曲线　定量方法为外标法。

（3）标准样品制备

① 顶空气相色谱法　分别称取 2.0g 氯化钠于 5 个顶空分析瓶中，加入苯系物混合标准工作溶液 0.005mg·L^{-1}、0.01mg·L^{-1}、0.03mg·L^{-1}、0.05mg·L^{-1}、0.1mg·L^{-1}浓度系列各 10mL，按样品制备所述的程序进行操作，从最低浓度开始依次对苯系物混合标准工作溶液进行气相色谱分析，制作标准曲线。

② 溶剂萃取-气相色谱分析方法　取苯系物的色谱纯标准试剂用甲醇配成 0.3mg·L^{-1}、0.75mg·L^{-1}、1.5mg·L^{-1}、3mg·L^{-1}、7.5mg·L^{-1}浓度系列，从最低浓度开始依次对苯系物混合标准工作溶液进行气相色谱分析，制作标准曲线。

4. 样品分析

水样按样品的制备处理后，用微量注射器进样分析。顶空气相色谱法一次进样量为 100μL，溶剂萃取-气相色谱法一次进样量为 1μL。

五、数据处理

1. 水样中苯系物的含量按下列公式计算，结果以 mg·L^{-1}表示。

$$c_i = \frac{A_i - a}{b}$$

式中　c_i——水样中检测组分 i 的质量浓度，mg·L^{-1}；

　　　A_i——检测组分 i 的测量值，如峰高或峰面积；

　　　a——校正方程纵坐标的截距，如峰高或峰面积；

　　　b——检测组分 i 的校正方程的斜率。

2. 方法的精密度和回收率

在同一试验条件下对不同浓度的样品进行重复测定，计算精密度。

在同一试验条件下往不同浓度水平的样品中加入一定量的标样，进行重复测定，计算回收率。

六、思考题

1. 回收率的意义及要求是什么？

2. 请查阅废水中苯系物的国家标准及行业标准，本次检测废水中的苯系物是否超标？

实验 4-7 气相色谱法测定果汁中的山梨酸

一、实验目的

了解气相色谱仪（火焰离子化检测器 FID）的使用方法，掌握外标法定量的原理，了解气相色谱法在产品质量控制中的应用。

二、实验原理

山梨酸是一种不饱和脂肪酸，英文名为 Sorbicacid，又名 2,4-己二烯酸、2-丙烯基丙烯酸。与其他天然的脂肪酸一样，山梨酸在人体内参与新陈代谢过程，并被人体消化和吸收，产生二氧化碳和水。从安全性方面来讲，山梨酸是一种国际公认安全（GRAS）的防腐剂，安全性很高。联合国粮农组织、世界卫生组织、美国 FDA 都对其安全性给予了肯定。但是如果食品中添加的山梨酸超标严重，消费者长期服用，在一定程度上会抑制骨骼生长，危害肾、肝脏的健康。

三、仪器与试剂

1. 仪器

气相色谱仪：GC-2014（配 FID 检测器），色谱柱 HP-5，GCsolution 色谱工作站，$10\mu L$ 微量注射器；带塞量筒；水浴锅等。

2. 试剂

乙醚：不含氧化物；石油醚：30～60℃；盐酸；无水硫酸钠；山梨酸标准溶液。

四、实验步骤

1. 样品处理

取 2.5g 混合均匀的样品，置于 25mL 带塞量筒中，加 0.5mL 盐酸（1+1）酸化，分别用 15mL、10mL 乙醚提取两次，每次振摇 1min，将上层乙醚提取液吸入另一个 25mL 带塞量筒中。合并乙醚提取液。用 3mL 氯化钠酸性溶液（40g·L^{-1}）洗涤两次，静置 15min，用滴管将乙醚层通过无水硫酸钠滤入 25mL 容量瓶中。加乙醚至刻度，混匀。准确吸取 5mL 乙醚提取液于 5mL 带塞刻度试管中，置 40℃水浴上挥发后，加入 2mL 石油醚-乙醚（3:1）混合溶剂溶解残渣，备用。

2. 山梨酸标液制备

准确称取山梨酸 0.2000g 置于 100mL 容量瓶中，用石油醚-乙醚（3:1）混合溶剂溶解后并稀释至刻度。以石油醚-乙醚混合溶剂稀释至 50mg·mL^{-1}、100mg·mL^{-1}、200mg·mL^{-1}、300mg·mL^{-1}、400mg·mL^{-1}、500mg·mL^{-1}。

3. 设置分析条件

进样口温度：230℃。

柱温：170℃（2min），30℃·min^{-1}升温至 200℃（5min）。

检测器温度：250℃。

柱流量：1mL·min^{-1}（N$_2$）。

分流比：50∶1。

4. 通载气，启动仪器，设定以上温度条件。待温度升至所需值时，打开氢气和空气，点燃 FID（点火时，氢气的流量可以大些），缓缓调节 N$_2$、H$_2$ 及空气的流量，至信噪比较佳时为止。待基线平稳后即可进样分析。

5. 仪器稳定后，吸取山梨酸标准溶液分别进样，以山梨酸量为横坐标，色谱峰峰高为纵坐标，绘制标准曲线。吸取 1.0μL 的样品溶液，进样，测定果汁中山梨酸的峰高，再由标准曲线查出山梨酸的量，并计算果汁中山梨酸的含量。

五、数据处理

1. 以质量浓度为横坐标、峰面积为纵坐标，绘制工作曲线，并注明其相关系数 R。

2. 根据标准曲线，计算浓度。

六、思考题

1. 查阅相关国家标准，判断果汁中含山梨酸是否在正常范围。

实验 4-8 苯胺类化合物的顶空气相色谱法测定

一、实验目的

1. 掌握顶空进样色谱分析的水样前处理方法。

2. 掌握顶空进样色谱法的原理及特点。

二、实验原理

气相色谱法尤其适合分析一些永久性气体和低沸点化合物。苯胺类化合物通常指苯胺、邻硝基苯胺、2,4-二硝基苯胺，N,N-二甲基苯胺等，该类化合物广泛用于制药、染料和纺织行业，这类物质毒性大，有明显的致癌作用。因其对环境和人体健康的影响极大，而被列入我国十四类环境优先污染物黑名单。顶空气相色谱法根据气液平衡原理测定挥发性成分在试样中的含量，该方法具有试样处理简单、干扰少、避免出现宽大溶剂峰、快速、准确度高等优点，已被广泛应用。

本实验采用岛津 RTX-5 毛细管柱，以氢火焰离子化（FID）为检测器，顶空进样方式分析京杭运河拱宸桥段水样中苯胺类化合物含量。

三、仪器与试剂

1. 仪器

岛津 GC-2014 气相色谱仪；配 FID 检测器；GC solution 工作站；10μL 微量注射器。

2. 色谱条件

岛津 RTX-5 毛细管柱 30m×0.25mm，0.25μm，汽化室温度 230℃，柱温 80℃，检测器温度 250℃，载气 N$_2$，柱压 100kPa，分流比 30∶1。

3. 混合标准溶液

准确称取苯胺、邻硝基苯胺、2,4-二硝基苯胺，N,N-二甲基苯胺各约 0.0500g，用色谱纯甲醇稀释定容到 50mL 容量瓶中，此标准溶液浓度为 1mg·mL^{-1}。

4. 顶空进样分析条件

试样 10mL，平衡温度 60℃，平衡时间 20min，氯化钠加入量 2g，进样量 1mL。

四、实验步骤

1. 开机

开启色谱仪，根据实验色谱条件，设置仪器参数，等待仪器就绪。

2. 标准曲线的制作

分别取苯胺类混合标准溶液 0.5mL、1.0mL、2.0mL、3.0mL、4.0mL 置于 50mL 容量瓶中，用甲醇稀释至刻度、摇匀。配制成各组分质量浓度为 10μg·mL^{-1}、20μg·mL^{-1}、40μg·mL^{-1}、60μg·mL^{-1}、80μg·mL^{-1} 的标准系列溶液。按顶空进样分析条件进样 1μL，记录各峰保留时间和峰面积。

3. 水样的处理及分析

称取 2g 氯化钠放入顶空瓶中，量取 10mL 水样加入其中，立即封口摇匀。待氯化钠溶解后，置顶空瓶于水浴锅中按顶空进样分析平衡条件平衡，抽取 1mL 上层气体进样分析，记录各峰保留时间和峰面积。

4. 关机操作

实验结束后，设置汽化室温度为 40℃，柱温箱温度设置为 30℃，检测器温度设置为 40℃，单击"System Off"，依次将高纯空气和高纯氢气从主阀门到四级阀门关闭。待汽化室和检测器温度降到 100℃ 以下后，依次将高纯氮气主阀门到四级阀门关闭，关闭 GC solution 工作站，关闭电脑以及色谱仪主机。登记仪器使用记录，清理实验台面。

五、数据处理

1. 根据各单标样的保留时间，注明混标各峰苯胺类化合物的出峰时间顺序。

2. 以质量浓度为横坐标、峰面积为纵坐标，绘制工作曲线，注明相关系数 R。

3. 判断水样中苯胺类化合物名称，并根据标准曲线，计算各化合物浓度。

4. 查阅相关国家标准，判断运河水质情况。

六、思考题

1. 简述顶空气相色谱法的特点。

2. 本实验中，进样量不准确会不会影响测定结果的准确度？为什么？

实验 4-9 快速溶剂萃取——气相色谱法测定PVC中增塑剂含量

一、实验目的

1. 掌握快速溶剂萃取仪的工作流程。

2. 掌握气相色谱法测定 PVC 中增塑剂含量的方法。

二、实验原理

邻苯二甲酸酯（PAE）由于其良好的性能和低廉的成本而被广泛应用于塑料玩具、食品包装袋、纺织品、化妆品等各类产品的生产之中。过去人们一直认为 PAE 的毒性低，因而在工业生产中毫无限制地使用，但近年来的研究结果表明，PAE 具有雌激素活性，可干扰人体内分泌功能，还具有生殖毒性、胚胎毒性、遗传毒性和"三致"效应等，现在已经在地下水、湖水、饮料、奶粉中发现了 PAE 的存在。目前已被视为最主要的环境污染物之一，各国均已有限制其使用的相关法律法规。

塑料制品尤其是一次性塑料制品，作为包装材料具有方便、快捷、美观等优点，被广泛应用于食品包装，大多数食品均采用塑料制品进行内包装或内衬。由于邻苯二甲酸酯类增塑剂与塑料基质之间没有形成共价键，而是以氢键和范德华力连接，彼此之间保持各自独立的化学性质，因而在接触到包装食品中的水和油脂类物质时，便会向食品中迁移。食品在塑料包装材料中储存的时间越长或用于包装食品的塑料材料中增塑剂含量越高，都越会增加邻苯二甲酸酯类物质向食品中迁移的量，即对食品的污染程度加大，进而对食用者的健康造成危害。目前国内外关于邻苯二甲酸酯研究的文献报道主要集中在环境领域，检测方法多为用固相萃取净化后采用气相色谱仪、液相色谱仪或气质联用仪或是液相色谱-串联质谱测定。

快速溶剂萃取是在一定的温度（50～200℃）和压力（1000～3000psi 或 10.3～20.6MPa）下用溶剂对固体或半固体样品进行萃取的方法。使用常规的溶剂、通过提高温度和增加压力来提高萃取的效率，其结果大大加快了萃取的时间，并明显降低萃取溶剂的使用量。

ASE 快速溶剂萃取仪由溶剂瓶、泵、气路、加热炉腔、不锈钢萃取池和收集瓶等构成，工作流程如图 4-3 所示。

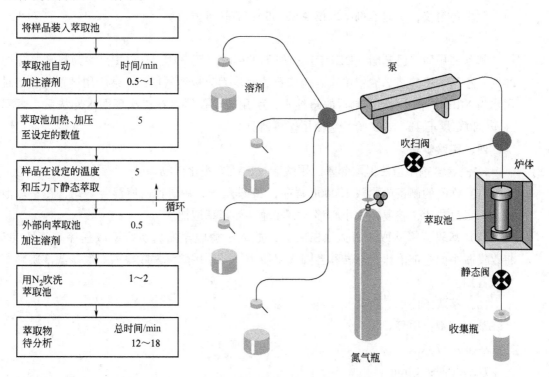

图 4-3 ASE 工作流程

ASE 的工作流程：手工将样品装入萃取池，放到圆盘式传送装置上，将萃取的条件（温度、压力、时间、溶剂选择、循环萃取次数等）输入面板，以下步骤将完全自动先后进行。圆盘传送装置将萃取池送入加热炉腔并与相应编号的收集瓶连接，泵将溶剂输送入萃取池（20~60s），萃取池在加热炉中被加温和加压（5~8min），在设定的温度和压力下静态萃取（5min），多次少量向萃取池加入清洗溶剂（20~60s），萃取液自动经过滤膜进入收集瓶，用 N_2 吹洗萃取池和管道（60~100s），萃取液全部进入收集瓶待分析。自动完成全过程仅需 13~17min。

与索氏提取、超声、微波、超临界和经典的分液漏斗振摇等传统方法相比，快速溶剂萃取有如下突出优点：有机溶剂用量少，10g 样品仅需 15mL 溶剂，减少了废液的处理；快速，完成一次萃取全过程的时间一般仅需 15min；基体影响小，可进行固体、半固体的萃取（样品含水 75% 以下），对不同基体可用相同的萃取条件；由于萃取过程为垂直静态萃取，可在充填样品时预先在底部加入过滤层或吸附介质；方法发展方便，已成熟的用溶剂萃取的方法都可用快速溶剂萃取法；自动化程度高，可根据需要对同一种样品进行多次萃取，或改变溶剂萃取，所有这些可由用户自己编程，全自动控制；萃取效率高，选择性好；使用方便、安全性好，已被确认为美国 EPA 标准方法，标准方法编号 3545。

尽管快速溶剂萃取是近几年才发展的新技术，但由于其突出的优点，已受到分析化学界的极大关注。快速溶剂萃取已在环境、药物、食品、农业和聚合物工业等领域得到广泛应用。

三、仪器与试剂

1. 仪器

气相色谱仪；快速溶剂萃取仪 ASE-350；旋转蒸发仪。

2. 试剂

邻苯二甲酸二己基酯（DEHP）和邻苯二甲酸二正辛酯（DNOP）均为标准品，纯度≥95%；乙腈、甲醇、二氯甲烷、丙酮和石油醚均为分析纯试剂，其余所用试剂为色谱纯。所用水为 Mili-Q 净化水系统制得的超纯水，所用玻璃仪器均在二次蒸馏水冲洗后，丙酮清洗并于 120℃烘干 4h。本试验杜绝使用塑料器具。

四、实验步骤

1. 快速溶剂萃取法提取邻苯二甲酸酯（PAE）类化合物

（1）样品的制备 称取 1.000g 样品，2g 硅藻土，用研钵研磨混合均匀，在萃取池底部放入一张过滤片，将混合物小心移入萃取池，旋紧萃取池。

（2）萃取 将萃取池放入 ASE-350，放入干燥收集瓶，执行萃取程序。萃取完毕后，将收集瓶中的全部液体全部转移至圆底烧瓶中，并用甲醇淋洗收集瓶 3 次。滤液旋转蒸发成粉末备用。

（3）萃取条件

萃取溶剂：甲醇。

温度：170℃。

加热时间：10min。

静态萃取时间：5min。

循环次数：4次。

冲洗时间：60min。

2. 气相色谱法测定

(1) 配制 95％乙醇　用移液管准确移取 30mL 乙醇至 100mL 容量瓶中，用蒸馏水稀释至刻度、摇匀。

(2) 样品测定　称取快速溶剂萃取法提取物粉末 0.0063g 于小烧杯中，用少量 95％乙醇溶解，转移至 10mL 容量瓶，然后用 95％乙醇洗烧杯 3 次，将液体转移至容量瓶，最后用 95％乙醇定容至刻度、摇匀。用滤膜过滤后进样 1μL，采用标准曲线法定量。

五、数据处理

1. 判断塑料制品中 PAE 类化合物名称，并根据标准曲线，计算各化合物浓度。

2. 判断样品中 PAE 类化合物的添加情况。

六、思考题

1. 试从平均萃取时间、平均使用溶剂量（取 10g 样品）两方面进行快速溶剂萃取与传统的索氏提取、超声萃取及微波萃取方式的对比。

2. 查阅文献资料，简述 PAE 类化合物的检测进展。

实验 4-10　苯磺酸氨氯地平片剂含量的 HPLC 测定

一、实验目的

1. 学习高效液相色谱仪器的基本使用方法。

2. 掌握工作曲线法的色谱定量分析方法。

二、实验原理

苯磺酸氨氯地平为抗心律失常药，临床主要用于治疗高血压和心绞痛。采用非极性的十八烷基键合相（ODS）为固定相和极性的甲醇-水溶液为流动相的反相分离模式适合于苯磺酸氨氯地平片剂含量的测定，空白辅料均无干扰。可以用工作曲线法直接进行分析测定。

三、仪器与试剂

1. 仪器

高效液相色谱仪（配紫外检测器），以色谱工作站联机控制仪器处理实验数据。超声波清洗机；进样器：手动进样器，100μL 微量注射器。色谱柱：C_{18} 0.5μm，150mm×4.6mm。

2. 分离条件

流动相比例：甲醇-0.03mol·L^{-1}磷酸二氢钾溶液（65∶35）；进样量：20μL；检测波长：237nm；流动相流量：1.0mL·min^{-1}。

四、实验步骤

1. 按仪器的要求打开计算机和液相色谱主机，调整好流动相的流量、检测波长等参数，用流动相冲洗色谱柱，直至工作站上色谱流出曲线为一平直的基线。

2. 称取苯磺酸氨氯地平对照品约 50mg，置 50mL 量瓶中，加甲醇适量，超声 10min 使之溶解，并加甲醇至刻度，摇匀得 1.0mg·mL^{-1}储备液。精密量取 1.0mg·mL^{-1}储备液 0.2mL、0.4mL、0.6mL、0.8mL、1.0mL 至 10mL 量瓶中，加流动相稀释至刻度，摇匀、过滤，得标准系列对照品溶液。

3. 取苯磺酸氨氯地平片剂 20 粒，研匀。精密称取适量（相当于苯磺酸氨氯地平

0.5mg）置 10mL 容量瓶中，加流动相超声溶解，过滤，滤液作样品溶液。

4. 分别取苯磺酸氨氯地平对照品和样品溶液 20μL 进样，记录色谱图。

5. 根据对照品和样品的峰面积，用工作曲线法计算苯磺酸氨氯地平片剂的含量。

五、思考题

1. 紫外检测器是否适用于检测所有的有机化合物？为什么？

2. 为什么液相色谱法多在室温下进行分离检测而气相色谱法相对要在较高的柱温下操作？

实验 4-11　高效液相色谱归一化法测定苯系物

一、实验目的

1. 了解高效液相色谱仪的基本结构。

2. 掌握高效液相色谱仪的使用方法。

3. 掌握归一化法的色谱定量分析方法。

二、实验原理

高效液相色谱法是在经典液相色谱基础上发展起来的一种现代柱色谱分离方法。由于采用了高压输液泵、高效固定相和高灵敏度的检测器，所以高效液相色谱可获得很高的分离效率。

与气相色谱不同，高效液相色谱分离不但取决于组分和固定相的性质，还与流动相的性质密切相关。采用非极性的十八烷基键合相（ODS）为固定相和极性的甲醇-水溶液为流动相的反相色谱分离模式特别适用于同系物如苯系物等的分离。苯系物具有共轭双键，但因共轭体系的大小和极性不同，因而在固定相和流动相之间的分配系数不同，导致在柱内的移动速率不同而先后流出柱子。苯系物在紫外区有明显的吸收，可以利用紫外检测器进行检测。由于苯系物 f' 相近，故可直接用峰面积归一化法定量分析。

$$w_1 = \frac{A_1}{\sum A_n} \times 100\%$$

三、仪器与试剂

1. 仪器

高效液相色谱仪，配有紫外检测器；超声波水域振荡器；进样器：手动进样器，100μL 微量注射器；色谱柱：C_{18} 0.5μm，150mm×4.6mm。

2. 试剂

甲醇：色谱纯；流动相比例：甲醇-水（85∶15）。

3. 样品配制

标样和试样：分别配制含苯、甲苯、邻二甲苯单组分及三组分混合样品各一份，组分浓度均约 0.05%，用流动相配成。

四、实验步骤

1. 流动相的处理

用液相色谱级无水甲醇和超纯水配制流动相 1000mL，混合均匀后经 0.45μm 膜过滤，再用超声波脱气 10min。

2. 检查色谱系统各部件的连接是否正确，液路有无泄漏。如一切正常，则可将准备好的流动相加到仪器储液瓶中，并将检测器后面的液路出口置于废液瓶中。

3. 开机

按仪器的要求打开计算机和液相色谱主机，排除液路中的所有气泡。操作条件设置如下：流动相流速 $1.0\text{mL} \cdot \text{min}^{-1}$，压力上限 40MPa，检测波长 254nm，色谱柱温为室温。

4. 用流动相冲洗色谱柱，待基线平稳后，分别取苯、甲苯、邻二甲苯标准样品及苯系物的混合试样 $20\mu\text{L}$ 进样，记录色谱图。

5. 根据各组分的保留时间进行定性分析，以色谱峰的峰面积，用归一化法计算苯系物中各组分的含量。

6. 关机

冲洗色谱柱至基线平稳后，关闭色谱仪各部件。

五、注意事项

1. 配制流动相须用液相色谱级溶剂，流动相在使用前必须经过滤和脱气。

2. 进样针的操作、实验结束后泵的冲洗。

3. 色谱图的复制、数据的保存、有效数字的取舍。

六、思考题

1. 高效液相色谱仪与气相色谱仪相比有什么相同点和不同点？

2. 紫外检测器是否适用于所有有机化合物？为什么？

3. 如何保护色谱柱？

4. 如发生漏液，该如何操作？

实验 4-12 　HPLC 法测定乳饮料中苯甲酸、山梨酸和糖精钠

一、实验目的

1. 进一步掌握高效液相色谱仪的基本构造和操作方法。

2. 掌握高效液相色谱归一化法的定量分析方法。

二、实验原理

食品添加剂是指为改善食品的品质和色、香、味，以及为防腐和加工工艺的需要而加入食品中的化学合成或天然物质。正因为食品添加剂的"价廉物美"，一些食品生产企业，为了较大限度地追求成本控制以及外在的产品质量，超量超范围使用食品添加剂，因而食品质量事故时有发生。

苯甲酸分子式为 $C_7H_6O_2$，俗称安息香酸，为白色鳞状或针状结晶，无味或略带苦杏仁味，常温下难溶于水。因苯甲酸的水溶性差，通常制成钠盐后使用。苯甲酸及其盐类在我国广泛应用于酱、醋、果汁、罐头等。山梨酸分子式为 $C_6H_8O_2$，俗名花楸酸，学名 2,4-己二烯酸，为共轭双烯酸。山梨酸为无色或白色晶体粉末，无臭或微带刺激性臭味，微溶于水。因山梨酸的水溶性差，通常制成钾盐后使用。山梨酸参与人体内的新陈代谢所产生的热效应与同碳数的饱和及不饱和脂肪酸无差异，其分子中存在的共轭双键也无特异代谢效果，是目前被认为最安全的一类食品防腐剂。糖精分子式为 $C_7H_5O_3NS$，化学名称为邻苯甲酰磺酰亚

胺，市场销售的商品糖精实际是易溶性的邻苯甲酰磺酰亚胺的钠盐，简称糖精钠。糖精钠的甜度约为蔗糖的450～550倍，故其十万分之一的水溶液即有甜味感，浓度高了以后还会出现苦味。糖精钠是有机化工合成产品，是食品添加剂而不是食品，除了在味觉上引起甜的感觉外，对人体无任何营养价值。相反，当食用较多的糖精时，会影响肠胃消化酶的正常分泌，降低小肠的吸收能力，使食欲减退。

苯甲酸、山梨酸和糖精钠目前最常用的检测方法有气相色谱法、液相色谱法、薄层层析法。本实验用液相色谱分析方法测定食品中苯甲酸、山梨酸和糖精钠的含量。

三、仪器与试剂

1. 仪器

高效液相色谱仪：配有紫外检测器；离心机；超声波振荡器；食品粉碎机；漩涡混合器；天平：分度值为0.01g和0.1mg。

2. 试剂

(1) 甲醇：色谱纯。

(2) 乙酸铵溶液：称取1.54g乙酸铵，加水溶解并稀释至1000mL，经微孔滤膜过滤。

(3) 亚铁氰化钾溶液：称取106g亚铁氰化钾 [$K_4Fe(CN)_6 \cdot 3H_2O$]，加水至1000mL。

(4) 乙酸锌溶液：称取22.0g乙酸锌 [$Zn(CH_3COO)_2 \cdot 2H_2O$] 溶于少量水中，加入3mL冰乙酸，加水稀释至100mL。

(5) 微孔滤膜：0.45μm，水相。

(6) 乳饮料样品：购自市场，不同品牌。

四、实验步骤

1. 样品的预处理

称取10g样品（精确至0.001g）于25mL容量瓶中，加入2mL亚铁氰化钾溶液，摇匀，再加入2mL乙酸锌溶液摇匀，以沉淀蛋白质，加水定容至刻度，4000r·min^{-1}离心10min，取上清液，经微孔滤膜过滤，保留滤液。

2. 标准溶液的配制

(1) 苯甲酸标准储备液　准确称取0.2360g苯甲酸钠，加水溶解并定容至200mL。此溶液每毫升相当于含苯甲酸1.00mg。

(2) 山梨酸标准储备液　准确称取0.2680g山梨酸钾，加水溶解并定容至200mL。此溶液每毫升相当于含山梨酸1.00mg。

(3) 糖精钠标准储备液　准确称取0.1702g糖精钠（$C_6H_4SO_2NNaCO \cdot 2H_2O$）（120℃烘干4h），加水溶解并定容至200mL。此溶液中糖精钠的含量为1.00mg·mL^{-1}。

(4) 混合标准使用液　分别准确吸取不同体积苯甲酸、山梨酸和糖精钠标准储备溶液，将其稀释成苯甲酸、山梨酸和糖精钠含量分别为0.000mg·mL^{-1}、0.020mg·mL^{-1}、0.040mg·mL^{-1}、0.080mg·mL^{-1}、0.160mg·mL^{-1}、0.320mg·mL^{-1}的混合标准使用液。

3. 色谱条件

(1) 色谱柱　C_{18}柱，250mm×4.6mm，5μm。

(2) 流动相　甲醇-乙酸铵溶液（5：95）。

(3) 流速 $1mL \cdot min^{-1}$。

(4) 检测波长 230nm。

(5) 进样量 $10\mu L$。

4. 测定

取样品处理液和混合标准使用液各 $10\mu L$ 注入高效液相色谱仪进行分离，以其标准溶液峰的保留时间为依据定性，以其峰面积求出样液中被测物质含量，供计算。

五、数据处理

样品中苯甲酸、山梨酸和糖精钠的含量按以下公式计算。

$$X = \frac{c \times V \times 1000}{m \times 1000}$$

式中　X——样品中待测组分含量，$g \cdot kg^{-1}$；

　　c——由标准曲线得出的样液中待测物的浓度，$mg \cdot mL^{-1}$；

　　V——样品定容体积，mL；

　　m——样品质量，g。

计算结果保留两位有效数字。

六、注意事项

在重复性条件下获得的两次独立测定结果的绝对差值不得超过算术平均值的10％。

七、思考题

1. 比较归一化法和外标法的优缺点。

2. 溶剂和样品为什么要过滤？

3. 使用含盐流动相应注意的问题有哪些？

4. 流动相比例变化对峰分离度的影响。

实验 4-13　HPLC 法测定固体食品中苯甲酸、山梨酸和糖精钠

一、实验目的

1. 巩固高效液相色谱的理论知识。

2. 了解固体食品中苯甲酸、山梨酸和糖精钠的测定原理和方法。

二、实验原理

样品经提取后，将提取液过滤，经反相高效液相色谱分离测定，根据保留时间定性，外标峰面积法定量。外标法定量是将标准样品加入待测样品中，在与样品相同的色谱条件下，进行测定，得到的结果与样品进行比较。

三、仪器与试剂

1. 仪器

高效液相色谱仪；平头进样针；粉碎机。

2. 试剂

(1) 色谱纯甲醇：经 $0.45\mu m$ 滤膜过滤。

(2) 稀氨水 (1+1)：氨水与水等比例混合。

(3) 乙酸铵溶液 ($0.02mol \cdot L^{-1}$)：称取 1.54g 乙酸铵，加水溶解，定容到1000mL，

经 0.45μm 滤膜过滤。

（4）乙酸锌溶液：称取 21.9g 乙酸锌，加 3mL 冰乙酸，加水溶解并稀释到 100mL。

（5）亚铁氰化钾溶液：称取 10.6g 亚铁氰化钾，加水溶解并稀释至 100mL。

四、实验步骤

1. 样品制备

（1）肉制品、饼干、糕点类样品　称取粉碎均匀样品 2～3g（精确至 0.001g）于小烧杯中，用 20mL 水分数次清洗小烧杯，将样品移入 25mL 容量瓶中，超声振荡提取 5min，取出后加 2mL 亚铁氰化钾溶液，摇匀，再加入 2mL 乙酸锌溶液，摇匀，用水定容至刻度。移入离心管中，4000r·min^{-1} 离心 5min，吸出上清液，用微孔滤膜过滤，保留滤液。

（2）酱腌菜　称取约 5.00g 试样，放入小烧杯中，加水，微沸 10min，冷却，转入 100mL 容量瓶中，加水至刻度，混匀，用氨水调 pH 值约 7，取上清液，经 0.45μm 滤膜过滤。

2. 液相色谱条件

色谱柱：C$_{18}$柱，4.6mm×250mm，10μm 不锈钢柱。

流动相：甲醇：乙酸铵溶液（0.02mol·L^{-1}）（5：95）。

流速：1mL·min^{-1}。

进样量：10μL。

检测器：紫外检测器，230nm。

3. 测定

取处理液和混合标准使用液 10μL 注入高效液相色谱仪进行分离，以其标准溶液峰的保留时间定性，以其峰面积求出样液中被测物质含量，供计算。

编号	0	1	2	3	4	5
出峰时间						
峰面积						

五、数据处理

样品中苯甲酸、山梨酸和糖精钠的含量按下式计算。

$$X = \frac{c \times V \times 1000}{m \times 1000}$$

式中　X——试样中苯甲酸、山梨酸的含量，g·kg^{-1}；

　c——由标准曲线得出的样液中待测物的浓度，mg·mL^{-1}；

　V——样品定容体积，mL；

　m——样品质量，g。

六、注意事项

1. 采取此方法，苯甲酸较山梨酸早出峰，苯甲酸出峰时间约在 7.9min，山梨酸出峰时间约在 10.7min。

2. 苯甲酸、山梨酸标准曲线的配制，应根据样品具体情况制定，一般可配制苯甲酸、山梨酸浓度均为 20μg·mL^{-1}、50μg·mL^{-1}、100μg·mL^{-1}、150μg·mL^{-1}、200μg·mL^{-1} 的标准系列。

3. 对采用小麦粉生产而成的样品,应先对其的过氧化苯甲酰含量进行测定,并按过氧化苯甲酰:苯甲酸 (1:1) 进行扣减。

七、思考题

1. 样品前处理的原理是什么?

2. 进样前为什么要对样品进行过滤?

实验 4-14　梯度洗脱测定芳香族化合物

一、实验目的

1. 进一步学习高效液相色谱仪器的使用方法。

2. 掌握梯度洗脱实验技术。

3. 了解梯度洗脱的适用范围及注意事项。

二、实验原理

梯度洗脱就是将两种及以上的不同但可互溶的流动相,随着时间改变使其按一定比例混合,来改变流动相的极性进行洗脱的方式。实际中,不少样品组成非常复杂,成分间极性相差很大,采用等度洗脱很难达到基线分离,甚至样品不出峰。梯度洗脱的使用,使总的分离时间缩短,分离度增加,峰形也得到改善,故在 HPLC 测试中,该技术应用很广。

芳香族类化合物中的苯、萘、蒽、芴等随着苯环个数的变化,其极性也有很大的变化,采用等度洗脱难以取得很好的分离效果。本实验通过设定梯度的洗脱程序进行洗脱。

三、仪器与试剂

1. 仪器

伊利特高效液相色谱仪 P230 II (配紫外检测器);色谱柱:伊利特 Hypersil ODS2 C_{18} (4.6mm×200mm,5μm) 不锈钢柱;微量注射器:100μL。

2. 试剂

甲醇 (HPLC);水为超纯水;苯、萘、蒽、芴标准物,取适量加甲醇配成 1×10^{-5} mol/L 混标液,过 (0.45μm) 滤膜。

四、实验步骤

1. 按仪器的要求打开计算机和液相色谱主机,调整好流动相的流量、检测波长等参数,用 100% 甲醇冲洗色谱柱,直至工作站上色谱流出曲线为一平直的基线。

2. 在色谱工作站上的低压梯度洗脱表上,依照下表设置洗脱程序。

序号	流动相比例 (水:甲醇)	时间/min	序号	流动相比例 (水:甲醇)	时间/min
1	90:10	2	4	40:60	2
2	80:20	2	5	20:80	2
3	60:40	2	6	0:100	4

五、数据处理

根据各组分的保留时间进行定性分析,以色谱峰的峰面积,用归一化法计算苯系物中各组分的含量。

1. 配制流动相须用液相色谱级溶剂，流动相在使用前必须经过滤和脱气。

2. 进样针的操作、实验结束后泵的冲洗。

七、思考题

1. 紫外检测器是否适用于检测所有的有机化合物？为什么？

2. 为什么液相色谱法多在室温下进行分离检测而气相色谱法相对要在较高的柱温下操作？

实验 4-15　酒类中氨基甲酸已酯残留分析（GC-MS）

一、实验目的

1. 熟悉 GC-MS 仪器的构造及功能原理。

2. 熟悉 GC-MS 仪器的使用操作。

3. 掌握质谱检测器的调谐方法。

4. 掌握利用 GC-MS 进行定性定量分析的基本操作。

5. 了解色谱工作站的基本功能。

二、实验原理

气相色谱法（gas chromatography，GC）是一种应用非常广泛的分离手段，它是以惰性气体作为流动相的柱色谱法，其分离原理是基于样品中的组分在两相间分配上的差异。气相色谱法虽然可以将复杂混合物中的各个组分分离开，但其定性能力较差，通常只是利用组分的保留特性来定性，这在定性组分完全未知或无法获得组分的标准样品时，对组分定性分析就十分困难了。随着质谱（mass spectrometry，MS）、红外光谱及核磁共振等定性分析手段的发展，采用在线联用技术，即将色谱法与其他定性或结构分析手段直接联机，来解决色谱定性困难的问题。

质谱法是在高真空系统下，被分析样品经毛细管柱分离，进入离子源。采用电子电离源（EI），产生正离子，在推斥、聚焦、引出电极的作用下将正离子送入四极杆系统。四极杆在高频电压与正负电压联合作用下形成高频电场，在扫描电压作用下，只有符合四极场运动方程的离子才能通过四极杆对称中心到达离子检测器，再经离子流放大器放大，产生质谱信号。得到了质谱图，通过解释谱图或进行谱库检索以识别未知样品的组成。

1. 质谱仪的基本结构和功能

质谱系统一般由真空系统、进样系统、离子源、质量分析器、检测器和计算机控制与数据处理系统（工作站）等部分组成。

质谱仪的离子源、质量分析器和检测器必须在高真空状态下工作，以减少本底的干扰，避免发生不必要的分子-离子反应。质谱仪的高真空系统一般由机械泵和扩散泵或涡轮分子泵串联组成。机械泵作为前级泵将真空抽到 $10^{-1} \sim 10^{-2}\,Pa$，然后由扩散泵或涡轮分子泵将真空度降至质谱仪工作需要的真空度 $10^{-4} \sim 10^{-5}\,Pa$。虽然涡轮分子泵可在十几分钟内将真空度降至工作范围，但一般仍然需要继续平衡 2h 左右，充分排除真空体系内存在的诸如水分、空气等杂质以保证仪器工作正常。

气相色谱-质谱联用仪的进样系统由接口和气相色谱组成。接口的作用是使经气相色谱分离出的各组分依次进入质谱仪的离子源。接口一般应满足如下要求：①不破坏离子源的高真空，也不影响色谱分离的柱效；②使色谱分离后的组分尽可能多的进入离子源，流动相尽可能少进入离子源；③不改变色谱分离后各组分的组成和结构。

离子源的作用是将被分析的样品分子电离成带电的离子，并使这些离子在离子光学系统的作用下，汇聚成有一定几何形状和一定能量的离子束，然后进入质量分析器被分离。其性能直接影响质谱仪的灵敏度和分辨率。离子源的选择主要依据被分析物的热稳定性和电离的难易程度，以期得到分子离子峰。电子轰击电离源（EI）是气相色谱-质谱联用仪中最为常见的电离源，它要求被分析物能汽化且汽化时不分解。

质量分析器是质谱仪的核心，它将离子源产生的离子按质荷比（M/Z）的不同，在空间位置、时间的先后或轨道的稳定与否进行分离，以得到按质荷比大小顺序排列的质谱图。以四极质量分析器（四极杆滤质器）为质量分析器的质谱仪称为四极杆质谱。它具有重量轻、体积小、造价低的特点，是目前台式气相色谱-质谱联用仪中最常用的质量分析器。

检测器的作用是将来自质量分析器的离子束进行放大并进行检测，电子倍增检测器是色谱-质谱联用仪中最常用的检测器。

计算机控制与数据处理系统（工作站）的功能是快速准确地采集和处理数据；监控质谱及色谱各单元的工作状态；对化合物进行自动的定性定量分析；按用户要求自动生成分析报告。

标准质谱图是在标准电离条件——70eV电子束轰击已知纯有机化合物得到的质谱图。在气相色谱-质谱联用仪中，进行组分定性的常用方法是标准谱库检索。即利用计算机将待分析组分（纯化合物）的质谱图与计算机内保存的已知化合物的标准质谱图按一定程序进行比较，将匹配度（相似度）最高的若干个化合物的名称、分子量、分子式、识别代号及匹配率等数据列出供用户参考。值得注意的是，匹配率最高的并不一定是最终确定的分析结果。

目前比较常用的通用质谱谱库包括美国国家科学技术研究所的 NIST 库、NIST/EPA（美国环保局）/NIH（美国卫生研究院）库和 Wiley 库，这些谱库收录的标准质谱图均在10万张以上。

2. 质谱仪的调谐

为了得到好的质谱数据，在进行样品分析前应对质谱仪的参数进行优化，这个过程就是质谱仪的调谐。调谐中将设定离子源部件的电压；设定 amu gain 和 amu off 值以得到正确的峰宽；设定电子倍增器（EM）电压保证适当的峰强度；设定质量轴保证正确的质量分配。

调谐包括自动调谐和手动调谐两类方式，自动调谐中包括自动调谐、标准谱图调谐、快速调谐等方式。如果分析结果将进行谱库检索，一般先进行自动调谐，然后进行标准谱图调谐以保证谱库检索的可靠性。

三、仪器与试剂

1. 仪器

安捷伦 6890N 气相色谱；安捷伦 5975 质谱；毛细管色谱柱 HP INNOWAX（30.0m×250μm×0.25μm）；10.0μL 微量进样器；电子分析天平 Sartorius BS224s；超声波清洗器；涡旋振荡器；氮吹仪；尖嘴吸管。

2. 试剂

(1) 甲醇：色谱纯。

(2) 氨基甲酸乙酯（纯度≥99%）：标准品。

(3) 正己烷：优级纯。

(4) 氦气：纯度99.999%。

(5) 二氯甲烷：优级纯。

(6) 氯化钠：优级纯。

(7) 乙酸乙酯：优级纯。

(8) 氮气：高纯。

四、实验步骤

1. 样品处理方法

(1) 样品购自超市（3种黄酒）。

(2) 对照品溶液的制备　精密称取0.01g氨基甲酸乙酯，用甲醇稀释到10mL，得到1000$\mu g \cdot mL^{-1}$储备液，再用甲醇配制浓度为0.1$\mu g \cdot mL^{-1}$的氨基甲酸乙酯溶液，作为对照品溶液。

(3) 样品溶液制备　称取试样1.0g（精确到0.01g）于10mL离心管中，加水调节样品的酒精度至25%（酒精度低于25%的样品不再稀释），加0.4g氯化钠，混合使溶解。加等体积的正己烷，于涡旋混合器上混合1min，2000$r \cdot min^{-1}$离心2min，用尖嘴吸管吸出正己烷相，弃去。然后用2×2mL二氯甲烷提取，于涡旋混合器上混匀1min，2000$r \cdot min^{-1}$离心2min，用尖嘴吸管吸出二氯甲烷层，合并转入洁净的5mL离心管中。于30℃水浴中、氮气缓流下浓缩到0.2mL，加乙酸乙酯定容到0.5mL，待GC-MS分析。

(4) 空白溶液的制备　除不加试样外，按样品溶液步骤进行制备。

(5) 测定方法　精密量取空白溶液、样品溶液及对照品溶液各1μL，按程序进样，记录色谱图，按外标法计算供试品中氨基甲酸乙酯残留的含量。

2. 分析条件

(1) 气相色谱条件

载气：氦气。

色谱柱：HP INNOWAX（30.0m×250μm×0.25μm）。

进样口温度：220℃。

柱流量：1.0mL·min^{-1}。

进样方式：不分流。

进样体积：1μL。

程序升温：70℃（1min），40℃·min^{-1}升温至120℃（0.5min），3℃·min^{-1}升温至130℃，40℃·min^{-1}升温至200℃。

检测器温度：280℃。

质谱采集方式：选择离子监视。

氨基甲酸乙酯定量离子：$M/Z=62$，特征离子$M/Z=62$、74、89。

(2) 质谱条件

电子电离：EI 源。

电子轰击能量：70eV。

离子源温度：230℃。

接口温度：220℃。

溶剂延迟时间：3min。

定量方法：外标法。

五、数据处理

用色谱数据处理机或按下式计算试样中氨基甲酸乙酯残留量。

$$X = \frac{A \times c \times V}{A_s \times m}$$

式中　X——试样中氨基甲酸乙酯残留量，$mg \cdot kg^{-1}$；

　　　A——样液中氨基甲酸乙酯的峰面积，mm^2；

　　　A_s——标准工作溶液中氨基甲酸乙酯的峰面积，mm^2；

　　　c——标准工作溶液中氨基甲酸乙酯的浓度，$pg \cdot mL^{-1}$；

　　　V——最终样液的体积，mL；

　　　m——最终样液所代表的样品量，g。

注：计算结果需扣除空白值。

六、注意事项

1. 在进行测试以前，要进行充分的抽真空，保证测试结果的准确性和重现性。

2. 为延长仪器寿命，一般使用都不关机，以维持真空。

3. 仪器长时间没有使用后，再次使用前要进行调谐操作。

4. 离子源脏了，可以通过调谐报告，或者质谱本底看出，卸下清洗，但要注意安装顺序以及清洗时使用的试剂等工具。

5. 换隔垫和衬管时关 GC 不关 MS。原则上每进 50 个样换一次隔垫。

6. GC-MS 仪器系精密贵重仪器，在未熟悉仪器的性能及操作方法之前，不得随意拨动主机的各个开关和旋钮。仪器在开、关机时必须严格按照操作方法进行。

七、思考题

1. 气相色谱仪与质谱仪各有何优缺点？联用后有何优缺点？

2. 质谱仪主要由哪几个部分组成？最简单的气质联用仪由哪几个部分组成？

3. 使用气质联用仪应该注意哪些方面？

实验 4-16　LC-MS-MS 测定橘皮中的芦丁及柚皮苷

一、实验目的

1. 了解 LC-MS-MS 的工作原理。

2. 了解 LC-MS-MS 仪器的基本构造。

3. 学会仪器的基本开机、关机操作。

二、实验原理

质谱法是通过将样品转化为运动的气态离子并按质荷比（M/Z）大小进行分离并记录

其信息的分析方法。所得结果以图谱表达，即所谓的质谱图（亦称质谱，mass spectrum）。根据质谱图提供的信息可以进行多种有机物及无机物的定性和定量分析、复杂化合物的结构分析、样品中各种同位素比的测定及固体表面的结构和组成分析等。

芦丁和柚皮苷为常见的黄酮类化合物，广泛存在于植物体内，近年研究发现，这类黄酮类化合物有着极好地抗氧化活性。芦丁（Rutin）又名芸香苷，维生素 P，紫槲皮苷，分子式为 $C_{27}H_{30}O_{16}$，分子量为 610.51。柚皮苷，又名柚苷、柑橘苷、异橙皮苷，分子式为 $C_{27}H_{32}O_{14}$，分子量为 580.53。

三、仪器与试剂

1. 仪器

安捷伦 1290Infinity 液相色谱或 6460 三重串联四级杆质谱仪；氮气发生器。

2. 试剂

乙腈（HPLC 级）；超纯水。

四、实验步骤

1. 样品制备

称取 0.1g 粉碎好的橘皮，置 50mL 烧杯中，加入无水乙醇，超声提取 30min，过滤，滤液 1000r·min^{-1} 离心 10min，取上清液氮吹干，后用 HPLC 甲醇溶解，定容至 10mL，过膜，进样分析。

2. MS 条件的优化

(1) 全扫描　MS 工作方式选择 MS2Scan，扫描范围为 100～600，碰撞电压为 135，极性选择"－"，离子源参数选取默认参数，液相条件：流动相为 80％乙腈，标准进样方式，进样量为 2μL。

(2) 子离子扫描　MS 工作方式选择 Product Ion，离子质量数，芦丁的母离子设为 609.2，子离子扫描范围为 100～650，驻留时间为 200，碰撞电压为 135，碰撞能量为 3，极性为"－"；柚皮苷的母离子设为 579.2，子离子范围为 100～650，驻留时间为 200，碰撞电压为 135，碰撞能量为 3，极性为"－"，液相条件不变，进样分析。

3. 数据处理

打开定性数据处理软件，打开全扫描数据，从 TIC 总离子流图中，提取芦丁及柚皮苷的分子离子峰图；打开子离子扫描数据图，查看芦丁及柚皮苷的碎片离子图，记录芦丁及柚皮苷的子离子峰。

五、思考题

LC/MS/MS 质谱检测器与常规 HPLC 紫外检测器的异同有哪些？

实验 4-17　牛奶和奶粉中八种镇静剂残留量的测定液相色谱-串联质谱法

一、实验目的

1. 巩固液相色谱-串联质谱仪的理论知识。

2. 了解用液相色谱-串联质谱仪测定牛奶和奶粉中八种镇定剂的原理和方法。

3. 了解用液相色谱-串联质谱仪进行定性测定的方法。

4. 了解用液相色谱-串联质谱仪进行外标法定量的原理和方法。

二、实验原理

牛奶和奶粉样品在碱性条件下用叔丁基甲醚提取，提取液用磷酸盐缓冲液调成酸性，取水相用氢氧化钠调成碱性，并用叔丁基甲醚反复萃取后浓缩定容，进液相色谱-串联质谱仪测定，外标法定量。

三、仪器与试剂

1. 仪器

(1) 液相色谱-串联四极杆质谱仪：配有电子喷雾的离子源。

(2) 电子天平：感量 0.1mg 和 0.1g。

(3) 离心机：最大转速为 10000r·min^{-1}。

(4) 离心管：锥形底玻璃离心管，15mL 和 10mL 具塞；锥形底聚丙烯离心管，50mL，具螺旋盖。

(5) 过滤器：聚四氟乙烯过滤器，0.2μm×13mm；尼龙薄膜过滤器，0.2μm×47mm。

(6) 液体分配器：1～10mL 和 5～50mL。

(7) 微量移吸器：10～100μL 和 100～1000μL。

(8) 流动相过滤装置。

(9) 氮气浓缩仪。

(10) 高级涡流混合器。

(11) 振荡器。

(12) 一次性移液管。

(13) 酸度计：测量精度为±0.02。

(14) 超声波仪。

(15) 一次性注射器：1mL。

(16) 试样瓶：2.0mL。

2. 试剂

乙腈（色谱纯）；甲醇（色谱纯）；无水乙醇（色谱纯）；盐酸（优级纯）；叔丁基甲醚（分析纯）；甲酸铵（分析纯）；甲酸（色谱纯）。

3. 标准溶液配制

(1) 氢氧化钠溶液：5mol·L^{-1}。称取 50.0g 氢氧化钠用超纯水溶解，定容到 250mL。

(2) 磷酸二氢钾溶液：1mol·L^{-1}，pH=3.0。称取 68.045g 磷酸二氢钾用超纯水溶解，用盐酸将溶液的 pH 值调至 3.0，定容到 500mL。

(3) 甲酸铵缓冲液：0.1mol·L^{-1}，pH=4.0。称取 6.306g 甲酸铵用超纯水溶解，用甲酸将 pH 值调至 4.0，定容到 1000mL。

(4) 甲酸铵缓冲液：0.01mol·L^{-1}，pH=4.0。取甲酸铵缓冲液用超纯水稀释定容到 1000mL。

(5) 流动相 A：0.01mol·L^{-1}甲酸铵缓冲液，pH=4.0，通过 0.2μm 过滤器过滤。

(6) 流动相 B：乙腈通过 0.2μm 过滤器过滤。

(7) 流动相 C：甲醇通过 0.2μm 过滤器过滤。

(8) 混合流动相：将 70mL 流动相 A、15mL 流动相 B 以及 15mL 流动相 C 混合。

(9) 乙酰丙嗪、阿扎哌隆、咔唑心安、氯丙嗪、氟哌啶醇、丙酰二甲氨基丙吩噻嗪、甲苯噻嗪标准储备溶液：称取适量的上述标准物质，分别用无水乙醇，配成 $0.10mg \cdot mL^{-1}$ 的标准储备液。储备液避光在 2~4℃ 的条件下储存。每年配一次。

(10) $1.0\mu g \cdot mL^{-1}$ 阿扎哌醇标准储备溶液：准确移取 1.0mL 阿扎哌醇标准液于 10mL 容量瓶中用无水乙醇定容至刻度，混匀，配成 $1.0\mu g \cdot mL^{-1}$ 的标准储备液。储备液避光在 2~4℃ 的条件下储存。每年配一次。

(11) 八种镇定剂混合标准储备溶液：量取适量的 6 种镇定剂及其代谢物标准储备溶液，用乙腈配制成混合标准储备溶液，在 2~4℃ 的条件下储存。

(12) 八种镇定剂混合标准工作溶液：根据每种镇定剂及其代谢物的灵敏度和仪器线性范围，用空白样品提取液配成不同浓度的混合标准工作溶液，在 2~4℃ 的条件下储存。

化合物名称	浓度范围/$ng \cdot mL^{-1}$	化合物名称	浓度范围/$ng \cdot mL^{-1}$
乙酰丙嗪	0.50~4.00	甲苯噻嗪	0.25~2.00
氯丙嗪	0.50~4.00	阿扎哌隆	0.20~1.60
氟哌啶醇	0.10~0.80	阿扎哌醇	0.15~1.20
丙酰二甲氨基丙吩噻嗪	0.50~4.00	咔唑心安	0.50~4.00

四、实验步骤

1. 提取

(1) 牛奶样品　吸取牛奶试样 2.00mL 精确到 0.01mL，放入 50mL 聚丙烯离心管中，加入 $200\mu L$ 乙腈进行涡流混合，混合后加入 $400\mu L$ $5mol \cdot L^{-1}$ 氢氧化钠溶液，并进行涡流混合 30s。在 (80±5)℃ 水浴中放置 1h。在此期间，要对每个测定样品进行两次涡流混合。1h 后，将样品从水浴中取出并冷却至室温。加入 12mL 叔丁基甲醚，置于振荡器上高速振荡 15min，离心 15min（转速为 $5000r \cdot min^{-1}$）。吸出上清液，将叔丁基甲醚定量转移到干净的 15mL 的玻璃离心管内，待净化。

(2) 奶粉样品　称取奶粉样品 0.25g（精确到 0.01g），放入 50mL 聚丙烯离心管中，加入 1.75g 水超声溶解得到复原乳，加入 $200\mu L$ 乙腈，以下步骤同步骤 (1)。

2. 净化

在上述 15mL 离心管中加入 $1mol \cdot L^{-1}$ 磷酸二氢钾溶液（pH=3.0）3mL，振荡 10min，离心 10min（$5000r \cdot min^{-1}$），将叔丁基甲醚层吸出弃去。在磷酸盐溶液中加入 2mL 叔丁基甲醚，振荡 5min，离心 5min（$5000r \cdot min^{-1}$），吸出叔丁基甲醚层弃去。然后再在磷酸盐缓冲溶液中加入 2mL 叔丁基甲醚重复上述步骤。加入 1mL $5mol \cdot L^{-1}$ 氢氧化钠溶液摇匀后加入 10mL 叔丁基甲醚，振荡 15min，离心 5min（$5000r \cdot min^{-1}$）。定量吸取叔丁基甲醚转移到一个干净的 10mL 的离心管中，在 40℃ 条件下用氮吹仪蒸发至干。在浓缩至干的提取物中加入 $1000\mu L$ 流动相溶液，进行涡流混合，超声处理 10min。用 $0.2\mu m \times 13mm$ 的聚四氟乙烯注射式过滤器过滤样液，将样液转移到试样瓶中，供液相色谱-串联质谱测定。

3. 色谱测定

液相色谱参考条件如下。

色谱柱：Inertsil ODS-3.5μm，150mm×2.1mm（内径）或相当者。

柱温：35℃。

进样量：20μL。

色谱柱总流量：200μL·min^{-1}。

流动相及梯度见表 4-3。

表 4-3　流动相及梯度

步骤	运行时间/min	流动相 A/%	流动相 B/%	流动相 C/%
0	0.00	70	15	15
1	4.00	70	15	15
2	9.00	40	15	45
3	25.00	35	15	50
4	28.00	20	30	50
5	30.00	70	15	15
6	60.00	70	15	15

4. 质谱测定

质谱参考条件如下。

离子源：电喷雾离子源。

扫描方式：正离子扫描。

检测方式：多反应检测（MRM）。

电喷雾电压（IS）：5000V。

雾化气压力（CAS1）：482.6kPa。

气帘气压力（CUR）：68.9kPa。

辅助气压力（CAS2）：482.6kPa。

离子源温度（TEM）：700℃。

接口加热（IHE）：ON。

定性离子对、定量离子对、采集时间（Dwell）、去簇电压（DP）、碰撞气能量（CE）、入口电压（EP）及碰撞室出口电压（CXP）见表 4-4。

5. 定性测定

按照液相色谱-串联质谱测定条件进行样品溶液测定。如果检出的色谱峰的保留时间与基质标准中物质一致，并且所选择的离子均出现，选择 1 个母离子和 2 个以上子离子，样品谱图中定性离子的相对丰度与浓度接近的基质标准溶液谱图中对应的定性离子的相对丰度进行比较，偏差不超过表 4-5 规定的范围，则可判定为样品中存在对应的待测物。

6. 定量测定

用混合标准溶液分别进样，以峰面积为纵坐标，工作溶液浓度为横坐标，绘制标准工作曲线，用标准工作曲线对样品进行定量，样品溶液中镇定剂及其代谢产物和 β-阻断剂的响应值均应在仪器测定的线性范围内。在上述的色谱条件和质谱条件下，八种镇定剂的参考保留时间见表 4-6。

表 4-4　八种镇定剂的质谱参数

化合物名称	定性离子对 (M/Z)	定量离子对 (M/Z)	采集时间 /ms	去簇电压 /V	碰撞气 能量/V	入口电压 /V	出口电压 /V
乙酰丙嗪	327.40/58.20	327.40/58.20	200	61.00	68.00	5.00	10.00
	327.40/86.20	327.40/86.20	200	61.00	68.00	5.00	15.00
氯丙嗪	319.30/58.20	319.30/58.20	200	60.00	66.00	10.00	10.00
	319.30/86.20	319.30/86.20	200	60.00	30.00	10.00	7.00
氟哌啶醇	376.40/165.40	376.40/165.40	200	70.00	35.00	11.00	11.00
	376.40/122.90	376.40/122.90	200	70.00	57.00	11.00	11.00
丙酰二甲氨基丙吩噻嗪	341.20/58.20	341.20/58.20	200	64.00	59.80	10.60	9.70
	341.20/86.30	341.20/86.30	200	64.00	30.00	10.60	15.00
甲苯噻嗪	221.30/90.10	221.30/90.10	200	85.00	33.00	11.00	8.00
	221.30/164.40	221.30/164.40	200	85.00	38.00	11.00	13.00
阿扎哌隆	328.40/121.00	328.40/121.00	200	60.00	30.00	11.00	10.00
	328.40/147.10	328.40/147.10	200	60.00	30.00	11.00	10.00
阿扎哌醇	330.30/121.00	330.30/121.00	200	60.00	35.00	11.00	12.00
	330.30/149.10	330.30/149.10	200	60.00	40.00	11.00	12.00
	330.30/312.20	330.30/312.20	200	60.00	25.00	11.00	10.00
咔唑心安	229.50/116.20	229.50/116.20	200	83.00	30.00	11.00	11.00
	229.50/222.40	229.50/222.40	200	83.00	30.00	11.00	6.00

表 4-5　定性测定时相对离子丰度的最大允许偏差

相对离子丰度 K/%	$K>50$	$20<K<50$	$10<K<20$	$K\leqslant10$
允许的最大偏差/%	±20	±25	±30	±50

表 4-6　八种镇定剂参考保留时间

化合物名称	保留时间/min	化合物名称	保留时间/min
甲苯噻嗪	5.12	氟哌啶醇	15.90
阿扎哌醇	9.21	乙酰丙嗪	16.56
咔唑心安	11.38	丙酰二甲氨基丙吩噻嗪	18.84
阿扎哌隆	13.01	氯丙嗪	19.74

7. 平行试验

按照以上步骤，对同一试样进行平行试验。

8. 回收率试验

除不称取试样外，均按上述步骤进行。

五、数据处理

试样中每种镇定剂及其代谢物和 β-阻断剂残留量利用数据处理系统计算或按下式计算。

$$X = c \times \frac{V}{m}$$

式中　X——试样中被测组分残留量，$\mu g \cdot kg^{-1}$；

　　　c——从标准曲线上得到被测组分溶液的浓度，$ng \cdot mL^{-1}$；

V——样品溶液定容体积，mL；

m——样品溶液所代表试样的质量，g。

计算结果应扣除空白值。

六、注意事项

1. 此实验等同于 GB/T 22993—2003 牛奶和奶粉中八种镇定剂残留量的测定液相色谱-串联质谱法。

2. 含盐流动相使用完毕后，先用 10％甲醇冲洗系统，后逐渐加大有机相比例为 100 的甲醇冲洗。

实验 4-18　菠菜色素的薄层色谱分离

一、实验目的

1. 通过实验掌握薄层色谱的基本原理。

2. 了解使用薄层色谱分析分离样品的方法。

二、实验原理

在色谱分析中，主要是动相溶剂带动混合物组分流经静相（即色谱柱、薄层板、滤纸等）的过程，被分离的组分都是在两相间进行分配，从而达到分离的目的，其中一相是一种含有很大表面积的静止的物质，称为"静相"；而另外一相是通过或者沿着静相的表面流动的物质，称为"动相"。其中最快速简便的方法是采用现成商品的薄层色谱法（TLC）。把纸作载体的纸色谱已被 TLC 代替，使用分离柱的常压柱法多用于制备色谱。

比移值 R_f 值是与物质在两相中分配系数相关的数值，因此，在特定条件下为一常数。不同的物质由于在特定色谱条件下的两相间分配系数的差异，而有着不同的 R_f 值，这样就达到薄层色谱分离的目的。公式 $R_f = a/A$ 可求比移值，式中，R_f 为比移值；a 为溶质的移动距离；A 为动相的移动距离。

三、仪器与试剂

1. 仪器

薄层板；展开缸；点样管；紫外灯；玻璃棒；研钵；小锥形瓶（具塞）；滴管；分液漏斗；尺子。

2. 试剂

菠菜；氯化钠；展开剂（石油醚：乙酸乙酯＝3：2）；提取剂（石油醚：乙醇＝2：1）；无水硫酸钠；蒸馏水。

四、实验步骤

1. 铺制薄层板

将吸附剂 1 份和水 2.5～3.0 份（或加入黏合剂的水溶液）在研钵中向一方向研磨混合，去除表面的气泡后，进行涂布（厚度为 0.2～0.3mm）；颠板，于室温下，置水平台上晾干，在反射光及透视光下检视，表面应均匀、平整、无麻点、无气泡、无破损及污染，于 100～110℃烘 30min，冷却后立即使用或置干燥箱中备用。

2. 点样

用点样器点样于薄层板上，一般为圆点，点样基线距底边 1.0～1.5cm，样点直径一般不大于 2mm，点间距离可视斑点扩散情况以不影响检出为宜。若因样品溶液太稀，可重复点样，但应待前次点样的溶剂挥发后方可重新点样，以防样点过大，造成拖尾、扩散等现象，而影响分离效果。点样时必须注意勿损伤薄层表面。

注：在薄层色谱中，样品的用量对物质的分离效果有很大影响，所需样品的量与显色剂的灵敏度、吸附剂的种类、薄层的厚度均有关系。样品太少，斑点不清楚，难以观察，但样品量太多时往往出现斑点太大或拖尾现象，以至不易分开。

3. 展开

将点好样品的薄层板放入展开缸的展开剂中，浸入展开剂的深度为距原点 5mm 为宜，密封，待展开至规定距离（一般为 8～15cm），取出薄层板，晾干，待检测。

注：展开缸如需预先用展开剂预平衡，可在缸中加入适量的展开剂，密闭，一般保持 15～30min。

4. 显色

供试品含有可见光下有颜色的成分，可直接在日光下检视，也可用喷雾法或浸渍法以适宜的显色剂显色，或加热显色，在日光下检视。有荧光的物质或遇某些试剂可激发荧光的物质可在 356nm 紫外灯下观察荧光色谱。对于可见光下无色，但在紫外线下有吸收的成分可用带有荧光剂的硅胶板（如 GF254 板），在 254nm 紫外灯下观察荧光面板上的荧光猝灭物质形成的色谱。

5. 叶绿素的提取

在研钵中放入几片（约 6g）菠菜叶，加入 10mL 提取液，轻轻按压，不可研成糊状。将提取液用滴管转移至分液漏斗中，加入 10mL 饱和氯化钠溶液（防止生成乳浊液）除去水溶性物质，分去水层，再用蒸馏水洗涤两次。将有机层转入干燥的小锥形瓶中，加入 2g 无水硫酸钠干燥。干燥后的液体倾倒至另一锥形瓶中（如颜色浅，可适当挥发浓缩）；点样，展开按上述实验步骤进行，待取出薄板晾干，此时由下到上依次会看到：三个黄色斑点为叶黄素，蓝绿色斑点为叶绿素 A，绿色斑点为叶绿素 B，灰色斑点为脱镁叶绿素，两个橘黄色斑点为胡萝卜素，共 8 个斑点。

五、数据处理

计算各个化合物的 R_f 值。

六、思考题

1. 对于可见光下无颜色且又不显荧光的化合物如何显色？

2. 探讨影响 R_f 值的因素有哪些？

第三节　附　　录

附录 4-1　岛津GC-2014 气相色谱仪使用方法

一、开机

1. 打开所需气源，载气（N_2/He）：0.65MPa；H_2：0.2～0.3MPa；Air：0.3～0.4MPa。

2. 打开 GC 电源开关。

3. 在计算机桌面上打开 Real Time Analysis 快捷键，进入实时分析窗口。

二、样品进样

1. 打开 System Configuration 进行进样口、色谱柱、检测器的配制，在此窗口需设置载气、尾吹气种类（表调节时没有）；柱参数（柱长、内径、膜厚——如果是填充柱，应填写 0，最高使用温度，建议填写柱的序列号）输入及色谱柱的选择；设定完毕，回到 System Configuration 窗口，单击 SET 键确认。

2. 仪器参数的设定：先设柱温（可做程序升温），再设进样口温度、柱流量及分流比、检测器温度。对于 H_2、Air 流量、Make up 流量，通常 H_2 为 55kPa、Air 为 40kPa、Make up 为 75kPa。

3. 用鼠标点 File 菜单找到 Save Method File As 输入你想保存的方法文件名（如果硬件配置相同的话，可以直接调用此方法）。

4. 如沿用上次关机前的配制，直接在 3 步的窗口下用鼠标点 File 菜单找到 Open Method File 打开需要的方法文件名。

5. 单击 Download Parameters，再单击 System On。

6. 等 FID 检测器温度升到 160℃以上时，点火，单击 Flame On，或者可在软件上设定自动点火。

7. 等仪器稳定后，进行 Slope Test，出现对话框点 OK 即可。

8. 没配备自动进样器的直接点 Single Run，然后点 Sample Login 出现样品注册对话框，样品名、数据文件名、样品重量等输完后，点确定键。

9. 点 Start 键，等数据采集窗口上面出现 Ready（Standby）之后，即可进样，再按 GC Start 键进行数据采集。

三、数据处理

1. 编辑定量参数：确定定量方法（内标、外标、面积归一等）；选择校正点数；选择曲线计算方式（直线、最小二乘或折线）；选择是否通过原点、是否有权重、浓度单位、时间窗、绝对保留值等。

2. 编辑 ID 表：在组分表中必须输入组分名、组分类型（目的物质、内标物质或参考物质）、保留时间及相应的浓度四项内容，其他项目可以不输入。

3. 保存分析方法：编辑完定量参数和组分表，选择"方法文件另存为……"，给方法命名，如 test. gcm。

4. 编辑批处理表：在该表中必须输入的信息有以下几条。

（1）样品类型（Sample Type） 标准样品、未知样品或参考样品；标样为 Standard，未知样为 Unknown。

（2）方法文件名 选择您建立的方法文件，如 test. gcm。

（3）数据文件名 您要存的数据文件名（实时分析）或已存的数据文件名（再解析）。

（4）稀释因子 如无稀释时，选择 1。

（5）标样的级别 即该标样时工作曲线的第几个浓度点，未知样为 0。

5. 运行批处理表，分析或再解析完标样（数据），保存方法，可以得到工作曲线，该曲线可以在工作曲线标签页打开方法文件即可查看。

6. 未知样分析：打开未知样数据文件，加载所建立的方法，自动计算定量结果。

四、关机

1. 单击 System Off，手动关闭 H_2、Air，等柱温<50℃，检测器温度<100℃以后，退出 Real Time Analysis 窗口，关闭计算机。

2. 关闭气源，载气（N_2/He）。

3. 关闭 GC 电源开关。

附录 4-2 气相色谱的维护保养

一、注意事项

开机前先打开载气、氢气、空气总阀开关，检查二次表压力，氮气、空气、氦气一般是 0.6MPa 左右，氢气一般 0.2MPa。然后再打开仪器电源，待仪器通过自检后再打开工作站，确认每根柱子都有流量，再升温做样。关机时，可先通过软件关掉检测器及空气、氢气，将进样口、柱箱、检测器温度降至接近室温，再关掉软件，然后关主机，最后关载气及其他辅助气。

二、进样口维护

1. 平时不可将温度超过进样口规定温度上限，以免损坏进样口。

2. 进样口污染常规处理（具体操作参照相关仪器说明书）如下。

（1）更换隔垫。

（2）更换去活玻璃毛。

（3）清洗衬管或更换。

（4）更换密封垫。

（5）清洗分流平板。

三、预防措施

1. 良好的样品前处理，减少样品中杂质或样品本身性质引起的可能污染进样口的机会。

2. 进样口温度平时稍微设的高一点，以免高沸点的物质不能汽化，从而污染进样口。

3. 做样品时，对于不能用气相色谱分析的样品，不可贸然进样，以免造成进样口、色谱柱及检测器同时污染。

四、色谱柱安装及使用过程中注意事项

1. 要保证有干净的载气及清洁的进样口的情况下才可以接柱子。

2. 色谱柱两端要切平，并且没有粘上油污等污染物。

3. 按仪器要求插入适当的深度。

4. 装柱过程中避免用力弯曲挤压毛细管柱或缠得太紧，并小心不要让标记牌等有锋利边缘的物品与毛细柱接触摩擦，以防柱身断裂受损。

5. 柱插入后用手拧紧后，再用扳手多拧 $\frac{1}{4} \sim \frac{1}{2}$ 圈，保证柱子不会松动即可，不可太紧，以免挤碎柱头造成基线不稳。也不可太松，否则会造成系统漏气，还有可能造成柱子永久损坏。

6. 确定载气流量，再对色谱柱的安装进行检查注意。如果不通入载气就对色谱柱进行加热，会快速且永久性地损坏色谱柱。

7. 老化温度不可超过柱子使用温度上限，特殊的除外。否则会造成柱子流失，使柱子永久损坏。

8. 色谱柱子在使用过程中，应该避免氧气进入。而隔垫漏气、载气里面氧气含量、接口松动等原因都可能导致氧气进入，氧化柱子固定相，造成柱子损坏。我们应该采取相应措施以防上述情况出现。

9. 在使用柱子的过程中，也有可能因挤压或与锋利边缘的物品接触而断裂，在实际工作中应该避免。

10. 有的柱子会因进酸碱物质或水而发生化学损坏，实际使用中应根据情况操作。除了可以进水样或酸碱性样品外，一般柱子都不能进水样或酸碱性样品。

11. 工作中最常见的问题就是污染问题，做高沸点物质后应该老化柱子，升温赶出残留物，以免长期积累，造成柱子永久损坏。

12. 日常使用中，应该注意柱温，不能太高，以免造成热损坏。

13. 若色谱柱被污染，毛细管柱可适当截去柱前面一部分。

五、检测器维护

1. 氢火焰离子化检测器（FID）

（1）保证室内环境的湿度，不可太潮，以免电路受潮，使检测器噪声变大。

（2）环境灰尘不可太多，以免污染检测器，可在每次做完样后用仪器带的帽把检测器的出口堵起来。

（3）使用干净的空气和氢气，避免机械杂质进入检测器。

（4）老化柱子时，先不要接检测器，老化完后再接检测器，以免检测器污染。

（5）检测器温度一般应设得高一点，一般比柱子温度要高 20～30℃，不过不能超过检测器最高使用温度。

（6）一旦检测器被污染，应该进行清洗，可以把喷嘴、收集极拆下来用有机溶剂超声清洗。

（7）注意检测器温度要大于 150℃再点火，以免积水。有自动灭火功能的色谱仪，一般不会出现这个问题。

2. 热导检测器（TCD）

（1）保证室内环境的湿度，不可太潮，以免电路受潮，使检测器噪声变大。

（2）环境中灰尘不可太多，以免污染检测器，可在每次做完样后用仪器带的帽把检测器的出口堵起来。

（3）升温前先通 10～15min 载气，赶出检测器中的氧气，延长热丝寿命。

（4）污染后，可以进行热清洗，不过不可超过检测器最高使用温度。

（5）如果热清洗也没有效果，可以用溶剂清洗，不过要特别小心，以免造成检测器损坏。

（6）关机时，先关掉热丝电流，等检测器温度冷下来后再关掉载气，以免热丝烧断。

1. 打开电源，待电压稳定后，依次打开高压输液泵电源、检测器电源和工作站。

2. 稳定柱压，换上流动相，开始清洗、调流速及波长操作。

调流速：根据检品要求调流速，未明确流速的样品，调流速使柱压在适宜范围内（不得超过 40MPa）。

具体操作：按"△""▽"键，屏幕显示"MENU1"后按"△"或"▽"，输入数字至所需流速和最高和最低压力，再按"确认"键。然后启动泵看压力是否超过范围。

调波长：根据检品要求调波长。方法：打开检测器电源，按"操作菜单"键，屏幕显示"MENU1"后按"△"或"▽"键进行波长设定，设定时按数字键后按"确认"。

3. 打开分析文件

设置分析方法：根据测定样品所需设置分析方法（或直接调出本样品已保存的方法）等待进样。

进样：用仪器配备的进样器，吸取一定量的待测溶液（进样器定量环体积的 3 倍），自进样器注入进样阀，快速扳动进样阀手柄，样品进入色谱柱，同时启动数据采集。

注意进样前基线要走平稳，且检测器已预热半个小时。

进样顺序：首先插针到进样阀的底部，后逆时针旋转到底，进样品后迅速顺时针旋转到底，然后拔出进样针。

等样品分析完毕后基线平稳，方能结束数据采集。

分析结果：等到所设的时间结束后自动分析。

打印结果：点"报告"项下的"打印信息设置选项"，进行信息设置后，单击"文件"菜单先预览，再打印。

4. 冲洗

进样阀的冲洗：将进样针插入进样器，先用流动相或样品的溶剂冲洗 3～5 次，再用甲醇冲洗 3～5 次；再旋动进样阀按上法冲洗 3～5 次；最后把进样器上的进样针拔掉，安上配备的冲洗头（白色的圆形配件）用甲醇冲洗 3～5 次即可。最后盖好红色保护盖。

色谱柱的冲洗：

(1) 含盐的流动相的冲洗方法　每天操作结束后，先用纯化水或含甲醇 5%（最高浓度在 20% 以下）的水冲洗，时间约 20～30min。再用高浓度甲醇（含甲醇 85% 以上）溶液冲洗，约 30～60min（注：不能直接用有机溶剂冲洗，盐类易析出，堵塞色谱柱，造成色谱柱永久性损坏；所用水最好是重蒸馏的水，必须抽滤和脱气）。

(2) 不含盐的流动相的冲洗方法　每天操作结束后，先用流动相冲洗约 10～15min，再用含 5% 甲醇的水冲洗 10～20min，最后用高浓度甲醇（含甲醇 85% 以上）溶液或纯甲醇冲洗，时间约 20～30min（注：不能直接用纯水冲洗，易造成流动停止。所用水最好是重蒸馏的水，必须抽滤和脱气）。

5. 实验完毕后的处理工作

关闭计算机和检测器：实验完毕及时关闭检测器（便于保护检测器，甚至可延长检测器的寿命），根据提示依次关闭桌面，最后关闭工作站、恒流泵和柱温箱。

每次操作完毕后，应及时清理所用物品，废液倒入废液容器内，所用的玻璃仪器及时清洗。实验台面、仪器表面用柔软的抹布擦拭干净，时刻保持实验台和仪器的整洁。

6. 注意事项

流动相或单项溶剂需经过 $0.45\mu m$ 的微孔滤膜过滤，以降低色谱柱受污染的程度，延长使用寿命。抽滤流动相或单项溶剂时，应注意滤膜的选择：抽滤纯水或纯水溶液时，选用水系滤膜；抽滤有机溶剂或混合溶液中含有有机溶剂，要选用脂（F）滤膜。

若仪器长时间不用，可定期开机，使仪器预热一段时间，以免仪器内部件受潮。

根据需要设定参数。由于每根色谱柱性能、填料各不相同，要依据其特性控制压力，防止压力过大导致柱内填料空间发生变化，影响分离效果。以十八烷基硅烷键合硅胶为填料的色谱柱一般最高工作压力不能超过 $40MPa$。

最后一次进样完成后，应用流动相冲洗一段时间，以保证洗脱完全，然后照冲洗方法操作。

最后根据色谱柱的填料不同，采用不同的溶剂，保存色谱柱：以十八烷基硅烷键合硅胶为填料的色谱柱宜用甲醇再生保存。

附录 4-4　高效液相色谱仪的维护保养

一、检测器的维护和保养

1. 检测器是高效液相色谱仪器的数据收集部分，由很多的电子和光学元件组成。禁止拆卸移动仪器内部元件，防止损坏或影响准确度。

2. 仪器内部的流通池是流动相流过的元件，样品的干净程度和微生物的生长都可能污染流通池，导致无法检测或检测结果不准，所以在使用了一段时间以后要先用水冲洗流通池和管路，再换有机溶剂冲洗。

3. 当仪器检测数据出现明显波动，基线噪声变大时要冲洗仪器管路，冲洗后如果还是没有改善就应该检测氘灯能量，如果能量不足就应更换新的氘灯。

4. 仪器在每次使用完以后都要用水和一定浓度的有机溶剂冲洗管路，保证下次使用时管路和系统的清洁。

二、高压恒流泵的维护和保养

1. 高压恒流泵为整个色谱系统提供稳定均衡的流动相流速，保证系统的稳定运行和系统的重现性。高压输液泵由步进电机和柱塞等组成，高压力长时间的运行会逐渐磨损泵的内部结构。在升高流速的时候因梯度势升高，最好每次升高 $0.2mL \cdot min^{-1}$，当压力稳定时再升高，如此反复直到升高到所需流速。

2. 在仪器使用完了以后，要及时清洗管路冲洗泵，保证泵的良好运转环境，保证泵的正常使用寿命。

三、色谱柱的维护和保养

1. 所使用的流动相均应为 HPLC 级或相当于该级别的，在配制过程中所有非 HPLC 级的试剂或溶液均经 $0.45\mu m$ 薄膜过滤。而且流动相使用前都经过超声仪超声脱气后才使用。

2. 所使用的水必须是经过蒸馏纯化后再经过 $0.45\mu m$ 水膜过滤后使用，所有试液均新用新配。并且进样的样品都必须经过 $0.45\mu m$ 薄膜针筒过滤后进样。

3. 流速提升过程应是梯度提升，不存在流速的突升突降。

4. 在仪器检测完了后，均使用水：甲醇＝90：10 清洗管路和色谱柱 1h 以上，使用水：甲醇＝10：90 清洗管路和色谱柱 40min 以上。

四、常见故障及日常维护

下表中左侧列出了液相色谱常见的一些问题，右侧中则列出了日常维护的方法。

溶剂瓶

问　题	维　护
进口筛板阻塞	更换(3～6月) 过滤流动相，$0.45\mu m$ 膜
气泡	流动相脱气

泵

问　题	维　护
气泡	流动相脱气
泵密封损坏	更换(3 个月)
单向阀损坏	过滤流动相，运用在线过滤，准备备用单向阀

进样阀

问　题	维　护
转子密封损坏	不要拧得过紧 过滤样品

色谱柱

问　题	维　护
筛板阻塞	过滤流动相 过滤样品 运用在线过滤或保护柱
柱头塌陷	避免使用 pH＞8 的流动相(针对大部分硅胶的柱子) 使用保护柱 使用预柱(饱和色谱柱)

检测器

问　题	维　护
灯失效，检测器响应降低，噪声增大	更换(6 个月)或准备备用灯
流通池有气泡	保持流通池清洁 池后使用反压抑制器 流动相脱气

一般

问　题	维　护
腐蚀/摩擦损坏	在不使用时保持系统缓冲液的清洁

一、开机

1. 打开载气（He）控制阀，设置分压阀压力至 0.5MPa。

2. 打开计算机，进入 Windows XP 系统。

3. 打开 6890NGC、5975MSD 电源，等待仪器自检完毕。

4. 在计算机桌面双击"仪器 1"，进入 MSD 化学工作站。

5. 在"真空"菜单中，观察真空泵状态。

6. 20min 后，观察离子源、四极杆温度。

7. 1～2h 后，观察空气、水的状态。

二、调谐

调谐应在仪器至少开机 2h 后方可进行，若仪器长时间未开机或高真空泵为扩散泵，为得到好的调谐结果，建议将此时间延长至 4h。

1. 首先确认打印机已连好并处于联机状态。

2. 在操作系统桌面双击"仪器 1"图标进入工作站系统。

3. 进入调谐界面。

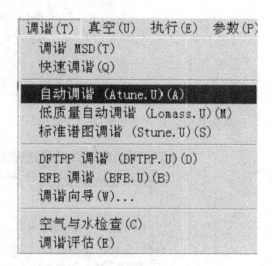

根据需要选择所要进行的调谐，此时仪器将自动完成整个调谐过程（约 3～5min），并将调谐结果由打印机输出，注意将此报告存档保存。

调谐完毕后保存调谐参数。

选定调谐文件名，点击确定。

三、编辑质谱分析方法

1. 在操作系统桌面双击"仪器 1"图标进入工作站系统，进入"仪器控制"界面，然后如下图所示编辑完整的方法。

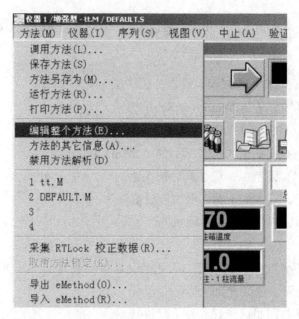

选择所编辑的方法内容：

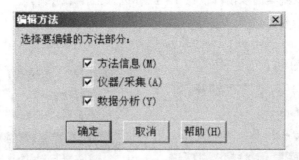

编辑方法注释，然后单击"OK"。

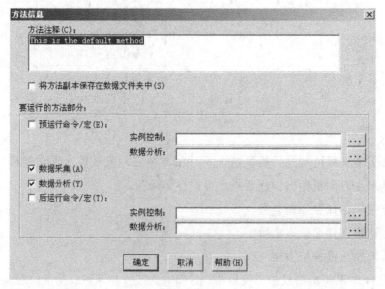

选择进样口及进样参数：

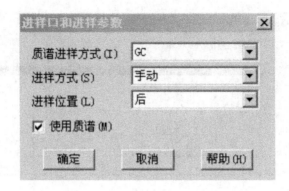

2. 柱参数设定

单击"色谱柱"图标，则该图标对应的参数显示出来。在"色谱柱"下方选择 1 或 2，然后单击"改变"钮。

模式——选择合适的模式，恒压或恒流；

进样口——柱连接进样口的物理位置；

检测器——柱连接检测器的物理位置；

出口——选择大气压（连 MSD 则为负压力）；

选择合适的柱头压、流速、线速度（三者只输一个即可），单击"应用"钮。

分流不分流进样口参数设定：

单击"进样口"图标，进入进样口设定画面。单击"应用"上方的下拉式箭头，选中进样口的位置选项（前或后）。

单击"载气"下方的下拉式箭头，选择合适的载气类型（如 He）。

单击"模式"下方的下拉式箭头，选择合适的进样方式（如不分流方式或分流方式），在"设定值"下方的空白框内输入进样口的温度，进样口的压力（如 200℃，15psi），然后单击"打开"下方的所有方框。

不分流模式下，在"分流吹扫流量"右边的空白框内输入吹扫流量（如 0.75min 后 50mL·min^{-1}），单击"应用"钮。

若选择分流方式，则要输入合适的分流比。

柱温箱温度参数设定：

单击"柱箱"图标，进入柱温箱参数设定。在"设定值"右边的空白框内输入初始温度（如 80℃），单击"加热"左边的方框；设定柱箱程序升温速率，升温阶次；单击"应用"钮。

3. AUX 参数设定

单击"辅助"图标，进行辅助参数设定。

单击"类型"下方的选项，选择辅助通道；选择正确辅助类型，如"MSD"，并在"设定值"右方的空白框内输入设定值（如 280℃），选中加热器下面的方框。

单击"确定"钮，完成气相参数设定，进入下一步。

若 GC 包含有其他检测器选择是否需要实时绘图，然后单击"确定"。

选择所需的质谱调谐文件，如 atune.u，然后单击"确定"。

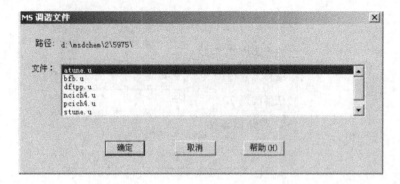

4. 编辑质谱参数

(1) 单击 "采集模式"，选择 "全扫描" 参数。

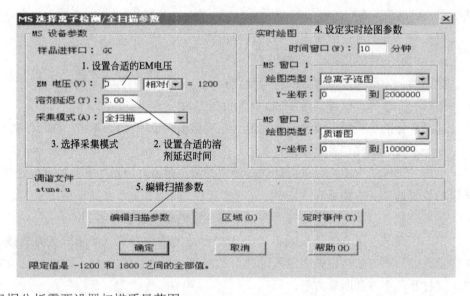

根据分析需要设置扫描质量范围：

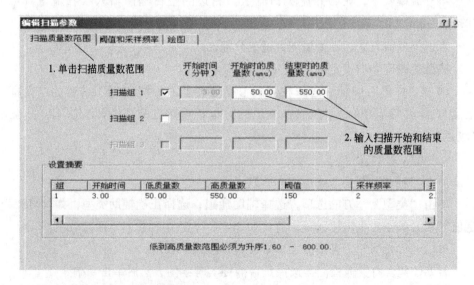

根据分析需要设置阈值和采样频率：

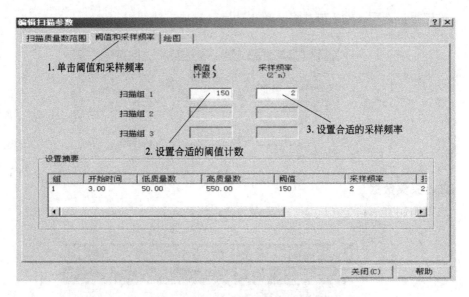

设置实时绘图参数，然后单击"关闭"完成"扫描参数"设定。

（2）单击"选择离子检测"编辑"SIM"参数，然后单击"确定"。

选择所需报告，然后单击"确定"。

选择谱库：

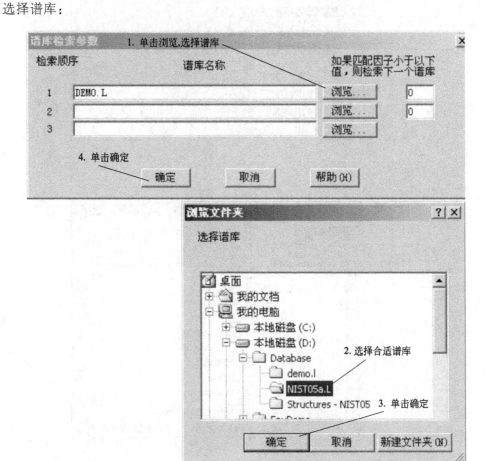

设定报告选项：输入方法名，单击确定，完成方法编辑。

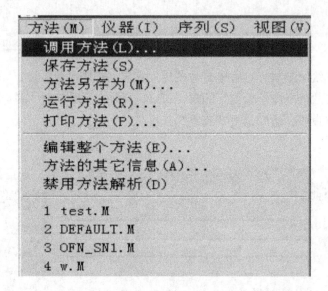

四、采集数据

选择调用方法：

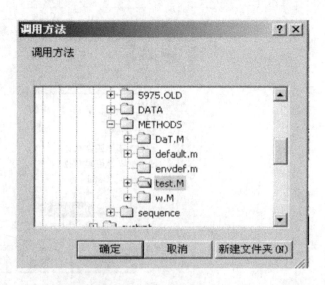

选择方法文件：

运行方法：单击"方法"，选择"运行方法"；输入数据采集的相关信息，单击运行

方法。

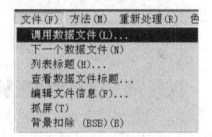

若仪器配有自动进样器则将自动完成数据的采集。

若为手动进样则依提示，待仪器准备好后（有时需要在 GC 面板上先按"PreRun"键），进样的同时按 GC 面板上的"Start"键，以完成数据的采集。

五、谱库检索

要想进行谱库检索，首先要购买并安装好商业谱库或已建立好自己的用户谱库。

双击桌面上的"仪器♯1 数据分析"图标，打开 MSD 的数据分析调用数据文件。

单击"更改路径"找到要处理的数据文件，然后单击"确定"。

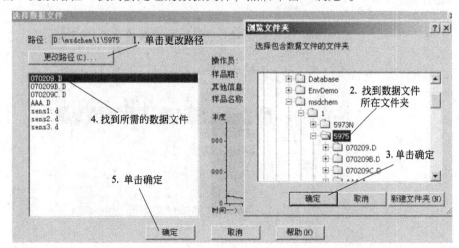

按下图所示本底扣除：

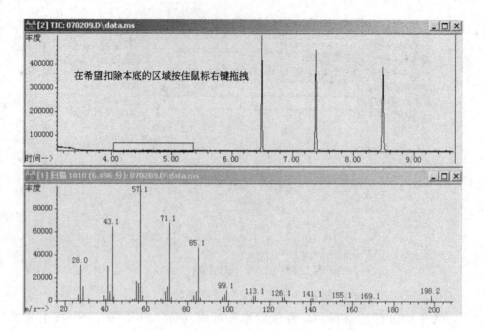

执行背景扣除：

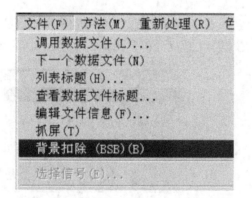

选择谱库：

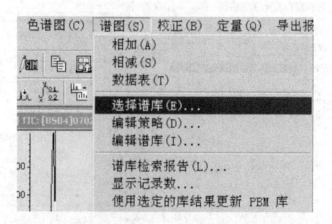

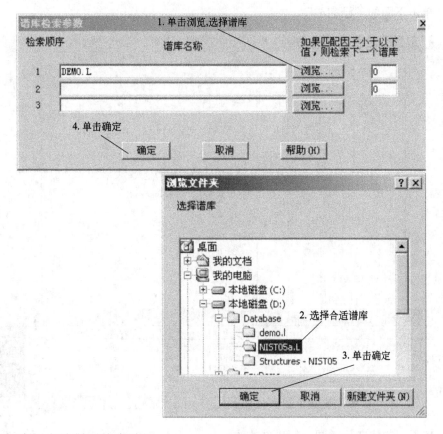

按下图所示方法得到检索结果：

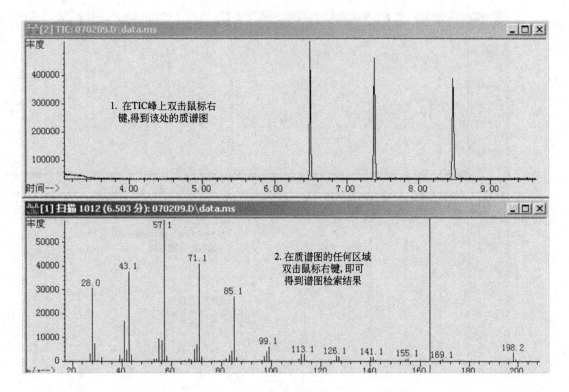

单击下图的"已完成"：

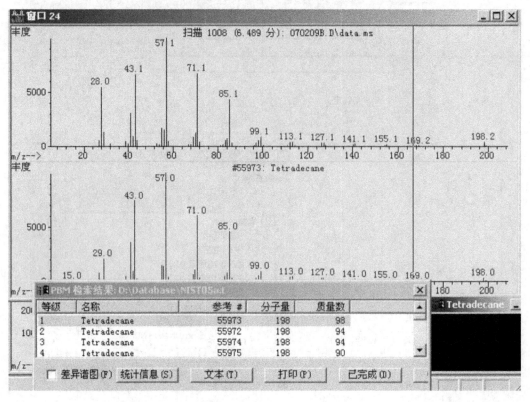

按下图方法在质谱图上写出结构式：

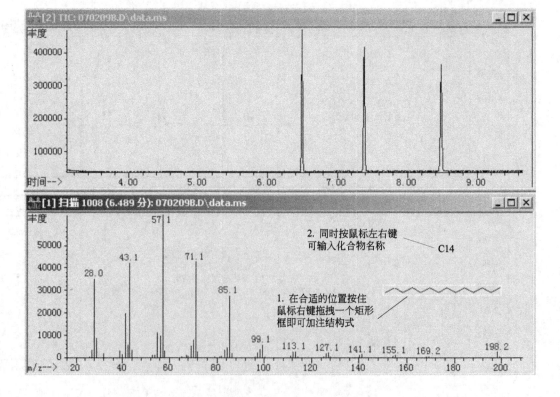

六、百分比报告

双击桌面上的"仪器1数据分析"图标表打开 MSD 的数据分析：

调用数据文件：

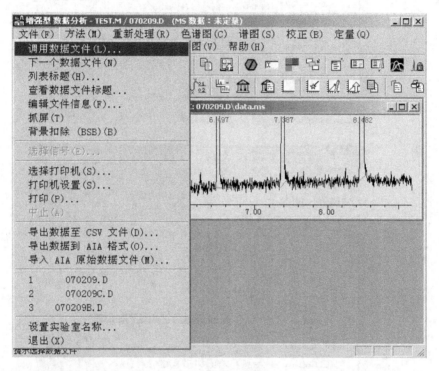

选择所要处理的数据文件：

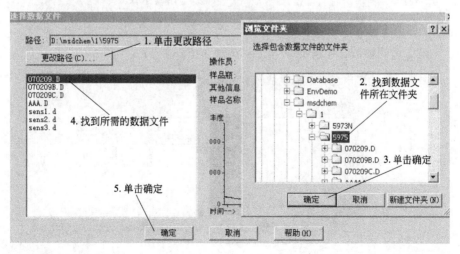

单击色谱图→自动积分：

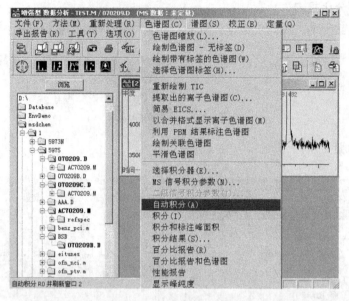

输入合适的参数，单击应用，直到满意为止：

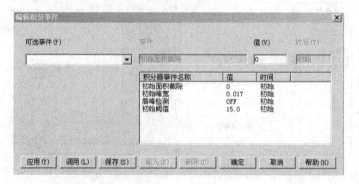

单击色谱图，选择百分比报告：

若需要打印，则用鼠标右键单击报告的任意空白处，单击打印即可。

七、关机

1. 在"视图"菜单，选择"调谐和真空控制"进入调谐与真空控制界面。

2. 在"真空"菜单中选择"放空"，工作站将柱温设为 30℃，关闭接口温度，停止分子涡轮泵或关闭扩散泵加热。该过程需要 40min 左右。

3. 等待 Time remaining 至 0min approv 时，退出工作站，关闭计算机。

4. 分别关闭气相、质谱电源。

5. 关闭载气 He。

附录 4-6 安捷伦1290Infinity 液相色谱/6460 三重串联四级杆质谱仪操作规程

一、开机

1. 开机

开启空气压缩机电源，待氮气发生器输出压力达到 0.7MPa，开启电脑，打开色谱仪、柱温箱、自动进样器、高压泵电源开关，检查质谱仪机械泵气阀是否处于关闭状态，打开质谱检测器电源，待阀切换好后，双击数据采集软件图标，进入数据采集界面。

2. 排气

在仪器抽取真空一天后，将流动相放入溶剂瓶中，在软件低压混合器操作界面中，依次设置 A1、A2、B1、B2 为 100%，单击确定。点高压泵面板 Purge 冲洗至管路无气泡为止，切换管路反复操作至所需管路均无气泡。设 B 为 100%，Flow 为 1mL·min^{-1}，活化色谱柱约 30min。

3. 编辑分析方法

(1) 在数据采集界面液相部分设置样品位置、进样量、流速，在质谱部分设置质量工作方式及相应离子源参数。

（2）方法保存　单击确定保存设置方法，以设定流动相平衡色谱柱约 30min。

二、样品进样

将样品处理过膜后，取进样针取样。

待仪器显示基线平稳，从菜单中选择单击【Start】开始进样分析。

待色谱出峰完毕，单击【Stop】，停止数据采集。

三、数据处理

打开定性工作软件，从 File 菜单选择 Load Signal 选中您的数据文件名，单击 OK。

积分：从 Integration 中选择 "Auto Integrate"，如积分结果不理想，再从菜单中选择 Integration Events 选项选择合适的 Slope Sensitivity、Peak Width、Area Reject、Height Reject。

从 Integration 菜单中选择 Integrate 选项，则数据被积分。

如积分结果不理想则修改相应的积分参数直到满意为止。

选 "Extract Ms" 提取质谱图。

四、关机

将流动相改为 B 100%冲洗色谱柱至基线平稳，点 MSQQQ 放空质谱真空，待出现关闭质谱对话框后，关闭软件，按开机相反方向关闭仪器各组件。关掉压缩机电源开关，关闭电脑。

参 考 文 献

[1] 中华人民共和国国家标准. GB 11893—1989 水质总磷的测定（钼酸铵分光光度法）.

[2] 中华人民共和国国家标准. GB 5009.33—2010 食品中亚硝酸盐和硝酸盐的测定.

[3] 中华人民共和国农业部行业标准. NYT 1279—2007 蔬菜、水果中硝酸盐的测定（紫外分光光度法）.

[4] 雷群芳. 中级化学实验. 北京：科学出版社，2011.

[5] 郑国经. ATC001 电感耦合等离子体原子发射光谱分析技术. 北京：中国质检出版社，2011.

[6] 全国分析检测人员能力培训委员会秘书处 中国质检出版社第五编辑室编. ATC 001 电感耦合等离子体原子发射光谱分析技术标准汇编. 北京：中国质检出版社，2011.

[7] 崔畅. 明胶空心胶囊中铬含量的研究. 化学工程与装备，2011，8：5-6.

[8] 黄辉，李本涛，邵鸿飞. 微波消解——石墨炉原子吸收光谱法测定胶囊中的痕量铬. 化学分析计量，2011，20（3）：30-32.

[9] 何丽一. 平面色谱方法及应用. 第 2 版. 北京：化学工业出版社，2005.

[10] 黎明. 制备色谱技术及应用. 第 2 版. 北京：化学工业出版社，2012.

[11] 丁海铭. 旋光计量测试技术. 北京：中国计量出版社，2009.

[12] ［日］泉美治等主编. 仪器分析导论. 第 2 版. 李春鸿，刘振海译. 北京：化学工业出版社，2005.

[13] ［日］宫泽辰雄，荒田洋治编. 核磁共振实验新技术及其应用. 彭朴，宋维良，张友吉译. 北京：化学工业出版社，1991.

[14] 逢秀娟. 尼莫地平晶型转变的研究. 沈阳药科大学学报，1997，14（1）：11-15.

[15] 张修元，刘伟. 在研磨过程中多晶型的转变. 山东医药工业，2001，20（1）：29-30.

[16] 徐寿昌. 有机化学. 第 2 版. 北京：高等教育出版社，1999.

[17] 孟令芝，龚淑玲，何永炳. 有机波谱分析. 第 2 版. 武汉：武汉大学出版社，2003.

[18] 刘约权. 现代仪器分析. 第 2 版. 北京：高等教育出版社，2010.

[19] 王亦军，吕海涛. 仪器分析实验. 北京：化学工业出版社，2009.

[20] 甘黎明主编. 仪器分析实验. 北京：中国石化出版社，2007.

[21] 段科欣主编. 仪器分析实验. 北京：化学工业出版社，2009.